中亚热带天然阔叶林
林木高径比特征

黄清麟　严铭海　著

中国林业出版社
China Forestry Publishing House

图书在版编目（CIP）数据

中亚热带天然阔叶林林木高径比特征／黄清麟，
严铭海著. -- 北京：中国林业出版社，2024. 11.
ISBN 978-7-5219-3003-0

Ⅰ．S718.42

中国国家版本馆 CIP 数据核字第 2024EN2050 号

责任编辑：刘香瑞　范立鹏
封面设计：睿思视界视觉设计

出版发行　中国林业出版社
　　　　　（100009，北京市西城区刘海胡同 7 号，电话 010-83143545）
电子邮箱　36132881@ qq. com
网　　址　https://www. cfph. net
印　　刷　北京中科印刷有限公司
版　　次　2024 年 11 月第 1 版
印　　次　2024 年 11 月第 1 次印刷
开　　本　710mm×1000mm　1/16
印　　张　11. 5
字　　数　145 千字
定　　价　60. 00 元

前　言

　　林木高径比又称林木细长系数，是林木高度与胸径之比，是基本测树因子之一。由于精确测定树高困难（特别是在结构复杂的森林中）和对林木高径比作用的忽视，林木高径比研究非常薄弱，国内外直接相关研究文献只有 50 余篇，而且都是零星与孤立的研究，缺乏系统性，中国中亚热带天然阔叶林林木高径比的研究更是处于空白状态。本专著以典型和次典型中亚热带天然阔叶林为对象，研究林分（群落）水平的林木高径比特征（包括各林层林木高径比的现实与理想数值状态、分布规律、与胸径及树高的关系）、树种（种群）水平的林木高径比特征（包括主要树种林木高径比的现实数值状态和与胸径及树高的关系）和单木水平（解析木）的林木高径比特征（包括主要树种林木高径比与胸径、树高和年龄的关系），在此基础上，进一步研究林木高径比与林木竞争压力的关系，提出林木高径比可以作为表征林木竞争压力的指标。此外，本专著将研究对象拓展到可以划分 3 个亚层的典型天然马尾松林，研究验证了其林木高径比特征与可以划分 3 个亚层的典型中亚热带天然阔叶林的一致。本研究旨在为中亚热带天然阔叶林、天然马尾松林、半天然针阔混交林和人工阔叶林的保护与经营提供林木高径比方面的依据与参照，同时为系统深入研究不同区域、不同类型天然林和人工林的林木高径比特征提供借鉴与参照。

　　我国亚热带天然阔叶林（常绿阔叶林）为世界上所罕见的

植被类型，横跨 11 个纬度，分布在约 $228×10^4$ km^2 的范围内，在维护区域生态平衡及促进区域经济社会可持续发展中具有十分重要的和不可替代的作用。其中分布在约 $154×10^4$ km^2 范围内的中亚热带天然阔叶林（常绿阔叶林）则是我国亚热带地区最典型的地带性植被类型。中亚热带天然阔叶林林木高径比特征的研究具有重要的理论与实践意义。

2019 年完成《中亚热带天然阔叶林林层特征》专著出版前，本人便开始构思中亚热带天然阔叶林特征研究的系列专著，包括《中亚热带天然阔叶林林木高径比特征》和《中亚热带天然阔叶林树种组成特征》专著。《中亚热带天然阔叶林林层特征》专著是本人 2014—2017 年主持实施的国家自然科学基金面上项目"中亚热带天然阔叶林林层特征研究"（31370633）的重要成果，该成果最为重要的贡献是提出了科学实用的中亚热带天然阔叶林林层划分新方法——最大受光面法。最大受光面法是针对典型中亚热带天然阔叶林分特点，依据其林木树冠是否能接受到垂直光照和接受到垂直光照的程度进行林层划分的方法。《中亚热带天然阔叶林林层定量划分新方法——最大受光面法》在《林业科学》2017 年第 3 期上发表。最大受光面法的提出，为中亚热带天然阔叶林林层特征的研究提供可能，也为基于分层的中亚热带天然阔叶林其他特征（如林木高径比特征和树种组成特征等）的研究提供可能。本人主持实施"中亚热带天然阔叶林林层特征研究"后，先后以"中亚热带天然阔叶林树种组成特征研究"和"中亚热带天然阔叶林林木高径比特征研究"为题申请过国家自然科学基金面上项目，虽然均未成功，但相关的科研工作仍然持续进行着。2019 年 9 月，本人指导的博士生严铭海入学，博士论文选题定为中亚热带天然阔叶林林木高径比特征，克服了 3 年疫情对科研工作造成的严重困扰，严铭海于 2023 年 5 月完成博士学位论文并通过博士学位论文答辩，获农学博士学位。

本专著学术思想和写作框架是在本人的主持下完成的，是本人和本人指导的博士生严铭海多年来辛勤工作与探索的成果。本专著是以本人前期项目工作基础和严铭海的博士学位论文为基础编写完成的。全书统稿、文字编校和出版事宜由本人完成。特别感谢主持严铭海博士学位论文开题报告会和答辩会的盛炜彤研究员和张守攻院士的指导与帮助。感谢家人的默默支持与帮助。

本专著是本人主持完成的国家自然科学基金面上项目"中亚热带天然阔叶林林层特征研究"（31370633）成果的延续与拓展。得到本人主持完成和主持实施的中国林业科学研究院中央级公益性科研院所基本科研业务费专项资金重点项目"中亚热带人工林转天然阔叶林的关键技术研究"（CAFYBB2017ZC002）和"南方集体林区低效天然马尾松次生林提质增效与多功能维持技术研究"（CAFYBB2023ZA007）的资助，也是这两个项目的重要产出。

由于本人水平所限，本专著中一定有不少缺点与错误，敬请各位同仁批评指正。

黄清麟

2024 年 9 月

目　录

图目录

表目录

第1章 研究进展

　　林木高径比(height/diameter ratio, *HDR*)，又称林木细长系数(tree slenderness coefficient, *TSC*)，是林木高度与胸径之比(林学名词审定委员会, 2016)，是基本测树因子之一。由于精确测定树高困难(特别是在结构复杂的森林中)和对林木高径比作用的忽视，林木高径比研究非常薄弱，国内外直接相关研究文献只有50余篇，而且都是零星与孤立的研究，缺乏系统性(严铭海等, 2022)。中国中亚热带天然阔叶林林木高径比的研究更是处于空白状态，对中国中亚热带天然阔叶林林木高径比的现实数值状态、林木高径比分布规律、林木高径比与胸径及树高关系、林木高径比与年龄关系等不同水平林木高径比特征一无所知。林木高径比特征涉及林分水平(即群落水平)、树种水平(即种群水平)和单木水平(即解析木)3个水平的林木高径比特征。因而，当前迫切需要从林分水平、树种水平和单木水平全面、系统和深入地了解中亚热带天然阔叶林林木高径比特征。

　　本研究旨在为中亚热带天然阔叶林、天然马尾松林、半天然针阔混交林和人工阔叶林的保护与经营提供高径比方面的依据和参照，同时为系统深入研究不同区域、不同类型天然林和人工林的林木高径比特征提供借鉴与参照。中亚热带天然林(常绿阔叶林)是世界罕见的、我国亚热带地区最典型的植被类型，在维护区域生态平衡和促进区域经济社会可持续发展中具有十分重要的、不可替代的作用(钟章成，1988；黄清麟，1998)，开展中亚热带天然阔叶林林木高径比特征研究具有重要的理论和实践意义。

林木高径比可用于反映林木遭受风雪灾害的风险性(Cremer et al.，1982；Valinger et al.，1997；Päätalo et al.，1999)、反映林木的干形(蔡坚等，2006)，表示单木的稳定性和生长活力(O'Hara，2014)，评估林分的健康状况(Adeyemi et al.，2016)，是一种潜在的林木竞争指标(Opio et al.，2000)。

目前，大多数研究仅针对结构简单、单层同龄的人工针叶纯林，未见针对结构复杂、复层异龄的天然阔叶混交林的研究；绝大多数研究针对整个乔木层，极少数研究针对林分内分亚层和分树种；未见对于林木高径比分布规律的研究，以及林木高径比与林木竞争关系的研究。

1.1　林木高径比研究对象

目前大部分研究以结构简单、单层同龄的人工针叶纯林为对象，未见以结构复杂、复层异龄的天然阔叶混交林为对象，林分内分树种和分林层的研究极少。

在检索到的50余篇直接相关文献中，针对人工林的有44篇，几乎都是人工同龄单层纯林(只有2篇为人工异龄复层纯林)，涉及中国、欧洲、美国、加拿大、伊朗、尼日利亚、澳大利亚、韩国、巴西等国家(地区)共31个树种，包括马尾松(*Pinus massoniana*)、杉木(*Cunninghamia lanceolata*)、天山云杉（*Picea schrenkiana*）、华北落叶松（*Larix gmelinii*）、湿地松（*Pinus elliottii*）、美国黄松（*Pinus ponderosa*）、西部落叶松（*Larix occidentalis*）、内陆道格拉斯冷杉（*Pseudotsuga menziesii*）、美国黑松（*Pinus contorta*）、欧洲落叶松（*Larix decidua*）、挪威云杉（*Picea abies*）、加勒比松（*Pinus caribaea*）、非洲白木（*Triplochiton scleroxylon*）、苏格兰松（*Pinus sylvestris*）、韩国桧柏（*Chamaecyparis obtusa*）、柳杉（*Cryptomeria japonica*）、巴西松（*Araucaria angustifolia*）、辐射松（*Pinus radiata*）、哥伦比亚云杉（*Picea engelmannii*）、白云杉（*Picea glauca*）、台湾香柏（*Calocedrus formosana*）、海岸松（*Pinus pinaster*）、兴安落叶松（*Larix gmelinii*）和西加云杉（*Picea sitchenrsis*）等 24 个针叶树种，以及欧洲山毛榉（*Fagus sylvatica*）、云南石梓树（*Gmelina arborea*）、柚木（*Tectona grandis*）、桦木（*Betula* spp.）、山毛榉（*Fagus longipetiolata*）、栎木（*Quercus* spp.）、美洲山杨（*Populus tremuloides*）等 7 个阔叶树种；针对天然林的有 6 篇，涉及亚热带和温带的天然针叶林、温带的天然针阔混交林和天然阔叶混交林。此外，还有 1 篇文献同时涉及人工和天然的油松（*Pinus tabuliformis*）林。在上述研究中，针对分树种和分林层的分别只有 4 篇和 2 篇，其余均为针对全林的研究。

1.2　林木高径比影响因素

林木高径比可能受到包括年龄、树种、林木竞争、立地和气候等多种因素的影响。

(1) 年　龄

目前，研究对象主要为结构简单的人工林，因涉及的年龄范围较窄，林木高径比随年龄的变化规律有多种结论。有学者认为，林木高径比随年龄增大而先增大后减小，如 Konopka et al.(1987)对挪威云杉研究表明，林木高径比一般在幼树中随着年龄的增大而增大，达到顶峰后逐渐减小。一些学者认为林木高径比随年龄的增大先减小再增大，如 Zhang et al.(2020)对 4~30 年生杉木人工林研究表明，林木高径比先随年龄增大而减小，到 8 年生左右时开始随着年龄增大而增大。温佐吾等(2000)对 4~15 年生马尾松人工林研究发现，林木高径比先随年龄的增长而逐渐减小，然后呈增大的变化趋势。还有一些学者认为，林木高径比随年龄的增大而减小。如 Wang et al.(1998)运用相关性分析得出，加拿大阿尔伯塔省北方混交林 5 种主要树种的年龄与林木高径比呈负相关。Orzel et al.(2007)研究波兰 Niepołomice 森林主要树种林木高径比得出，年龄每增加 20 年，林木高径比就会显著降低。Chiu et al.(2015)基于解析木探讨了林木高径比随年龄的变化规律，结果显示，台湾香柏的林木高径比随着年龄增大而减小，在 10 年生时减小到 100 左右，随后总体上呈平稳下降趋势。目前，基于单木水平(解析木)探讨林木高径比与年龄的关系的研究极少，只涉及人工针叶树，未见天然阔叶树的相关研究。

(2)树　种

Orzel et al.(2007)研究波兰 Niepołomice 森林主要树种林木高径比时发现，树种间林木高径比平均值存在较大差异，林木年龄在 20~60 年时，阔叶树种的林木高径比大于苏格兰松和落叶松。

(3)林木竞争

林木竞争对林木高径比的影响，是指某一对象木的林木高径比受到其周围竞争木产生的竞争压力的影响，通常被误认为是林分密度对林木高径比（全林平均值）的影响。实际上，探讨林木竞争对林木高径比影响的研究极少，目前，只有极少数研究在其局部的研究内容中提到了林木竞争指标，未见针对林木高径比与林木竞争压力关系的研究。只有极少数研究者意识到林木高径比是一种潜在的林木竞争指标。

林分密度对林木高径比（全林平均值）影响的研究相对较多。针对人工纯林的研究表明，林木高径比（全林平均值）随林分密度的增大而增大（蔡坚等，2006；温佐吾等，2000；丁贵杰等，1997；马存世，1999；Slodicak et al.，2006；Hess et al.，2021）。但这部分研究与林木竞争的关系不大，因为即使是相同密度的林分（特别是天然混交林），其在林分内不同结构单元中的林木竞争压力仍可能存在较大差异。此外，也有研究表明（Akhavan et al.，2007），林分密度对林木高径比无显著影响。

一些学者在其研究的局部内容中提到了林木竞争指标。例如，Sharma et al.（2016）以挪威云杉和欧洲山毛榉林为对象，在林木高径比与胸径关系的模型中加入多种指标（其中涉及的林木竞争指标为 Hegyi 简单竞争指数），探讨其对模型的贡献，并认为林木高径比随着 Hegyi 简单竞争指数的增加而增加。又如，Zhang et al.（2020）以杉木为研究对象，在林木高径比模型中加入多个指标（其中涉及的林木竞争指标为相对直径），通过层次划分分析其对林木高径比模型的贡献，并认为林木高径比随相对直径的增大而减小。

只有极少数研究者提出林木高径比是一种潜在的林木竞争指标。Opio et al.（2000）以加拿大不列颠哥伦比亚省北部的美国黑松(*Pinus contorta*)、哥伦比亚云杉(*Picea engelmannii*)和白云杉(*Picea glauca*)幼林为研究对象,探讨将林木高径比作为竞争指标的可行性,采用随机完全区组设计,设置了移除不同竞争植被的4个处理(3个重复),结果显示,5个样地中只有1个样地的林木高径比在不同处理之间有极显著差异,并提出林木高径比是一种潜在的林木竞争指标。

(4)立　地

丁良忱等(1988)在研究新疆乌鲁木齐南山林场天山云杉幼林的林木高径比时发现,林木高径比受立地差异的影响较小。Wang et al.(1998)以加拿大阿尔伯塔省北方混交林5个主要树种为研究对象,通过相关性分析得出,林木高径比与立地指数呈弱正相关(0.055~0.169)。Akhavan et al.(2007)研究了伊朗赫坎阔叶林5种主要树种的高径比,认为林木高径比以山谷和北部的最大,而以喀斯特地貌和南部的最小。Sharma et al.(2016)以挪威云杉和欧洲山毛榉林为对象,在林木高径比与胸径关系模型中加入优势高(衡量立地质量),探讨其对模型的贡献,研究认为,林木高径比随优势高的增加而增加。

(5)气　候

Zhang et al.(2020)针对中国南方杉木人工林林木高径比的研究表明,林木高径比随年平均温度(MAT)的增加而增加,而随平均最暖月温度($MWMT$)和年热湿指数(AHM)的增加而呈下降趋势,但气候变量(其中温度是最重要的气候因子)对杉木人工林林木高径比变化的方差解释为2.8%,远小于生物变量(包括大小、竞争和年龄)的59%。

1.3 林木高径比与单一测树因子关系

目前，对于胸径与林木高径比关系的研究相对较多，但关于林分内分层的胸径与林木高径比关系的研究极少。较多研究者绘制了林木高径比与胸径的关系图(丁良忱等，1988；Orzel et al.，2007；Wang et al.，1998；Zhang et al.，2020；Sharma et al.，2016；Akhavan et al.，2007；Wallentin et al.，2014；廖泽钊等，1984；王彩云等，1987；Eguakun et al.，2015；Oyebade et al.，2015；Sharma et al.，2019；Ige，2017；Ige，2019；Oladoye et al.，2020)，涉及马尾松、杉木、天山云杉、加勒比松、挪威云杉、欧洲山毛榉、非洲白木、云南石梓树、欧洲落叶松和云南松等树种以及一些天然针阔林或天然阔叶林的主要树种，结果显示，林木高径比随胸径增大整体上均呈减小趋势。Sharma et al. (2016；2019)绘制了各林层林木高径比与胸径的关系图，结果显示，各林层林木高径比均随胸径增大而减小。一些研究通过相关分析得出，胸径与林木高径比呈负相关，且相关性较大(Wang et al.，1998；Eguakun et al.，2015；Oyebade et al.，2015；Ige，2017；Ige，2019；Oladoye et al.，2020)。此外，部分针对马尾松和杉木的研究显示，林木高径比在某一胸径范围时随胸径增大呈小幅上升的趋势(杨盛扬等，2022；Zhang et al.，2020)。

除胸径外，对林木高径比与其他单一测树因子的相关性分析表明，断面积、材积、地径与林木高径比呈负相关(Adeyemi et al.，2016；Eguakun et al.，2015；Ige，2017；Ige，2019；Ezenwenyij et al.，2017；Chukwu，2021；Adeyemi et al.，

2017），相关性虽也较大，但低于胸径；树高与林木高径比的相关性较弱，有时呈负相关（Wang et al.，1998；Ige，2017；Ige，2019），有时呈正相关（Adeyemi et al.，2016；Oyebade et al.，2015；Ezenwenyij et al.，2017）；许多冠层指标（包括冠长、冠幅、树冠面积、冠径、树冠比、树冠闭合百分比等）与林木高径比呈负相关（Adeyemi et al.，2016；Wang et al.，1998；Sharma et al.，2016；Hess et al.，2021；Eguakun et al.，2015；Oyebade et al.，2015；Ige，2017；Ige，2019；Ezenwenyij et al.，2017；Rudnickim et al.，2004；Fish et al.，2006），相关性通常不大。目前，关于林木高径比与单一测树因子的关系研究对林木高径比模型的构建具有一定参考价值，但都还未解释其关系紧密或不紧密的原因。

1.4　林木高径比模型模拟

早在 20 世纪 80 年代，对林木高径比模型的研究就已经开始。目前多数研究以胸径为自变量，然后通过多模型优选，选用最佳模型（多为非线性模型）模拟林木高径比，选用的表达林木高径比随胸径变化的基础模型见表 1-1。

针对结构简单、单层同龄的人工针叶纯林，大多数最佳模型有较好的拟合效果。丁良忱等（1988）以胸径为自变量，通过多模型优选，选用幂函数（$R^2 = 0.867$）模拟新疆乌鲁木齐南山林场天山云杉人工幼林林木高径比。马存世等（1999）以胸径为自变量，通过多模型优选，选用多项式回归方程（$R^2 = 0.949$）模拟舟曲林区落叶松人工林林木高径比。Eguakun et al.

表 1-1 目前选用的表达林木高径比随胸径变化的基础模型

Tab. 1-1 Basic models used to express the change of

height to diameter ratio of trees with *DBH*

函数类型	表达式	参考文献
指数函数 Exponential function	$Y = a\mathrm{e}^{bD}$	Wang et al. , 1998
双曲线函数 Hyperbolic function	$Y = a + b/x$	Oliverira, 1987
幂函数 Power function	$Y = aD^b$	王彩云等, 1987
自然对数函数 Natural logarithmic	$Y = a + b\ln(D)$	Oladoye et al. , 2020
修正指数函数 Modified exponential	$Y = a\mathrm{e}^{b/D}$	Ige, 2017
线性函数 Linear function	$Y = a + bx$	Eguakun et al. , 2015

注：表中 Y 表示林木高径比；e 为自然对数的底数；a 和 b 表示模型参数；D 表示胸径。

（2015）以胸径和树高为自变量，通过多模型优选，选用多元线性模型（$R^2 = 0.876$）模拟尼日利亚西南部加勒比松林木高径比。Ige et al.（2017；2019）以胸径为自变量，通过多模型优选，选用修正指数模型模拟尼日利亚 Onigambari 森林保护区非洲白木（$R^2 = 0.610$）和尼日利亚奥莫森林保护区云南石梓树（$R^2 = 0.828$）的林木高径比。张更新等（1997）认为双曲线函数可描述内蒙古宁城县油松林的林木高径比与径阶关系。王彩云等（1987）以胸径为自变量，运用幂函数模拟云南松天然林林木高径比。

仅极少数研究针对分树种。例如，Oladoye et al.（2020）以胸径为自变量，通过多模型优选，选用自然对数函数和指数函数模拟尼日利亚西南部 Omo 生物圈保护区 3 种树种的林木高径比。Orzel et al.（2007）以胸径作为自变量，针对波兰 Niepołomice 森林 8 种树种，通过多模型优选，选用自然对数函数、幂函数和指数函数拟合相应树种的林木高径比。

一些学者在所选最佳模型中加入了其他自变量，如竞争、立地、林层和树种等因子。研究较早的是 Wang et al.（1998）以胸径为自变量，通过多模型优选，选用负指数函数对加拿大阿尔伯塔省北方混交林中的 5 种主要树种林木高径比进行模拟，为了提高预测能力，在模型中加入林分变量（包括林分密度、平均树高、平均断面积、立地指数等变量）。随后，Sharma et al.（2016）以胸径为自变量，先采用负指数函数对挪威云杉和欧洲山毛榉的高径比进行模拟，然后在模型中加入优势高（$HDOM$）、优势直径（$DDOM$）、均方直径（QMD）、Hegyi 指数（CI）和林层等变量，认为胸径对模型的贡献最大，其次是优势高，最后是优势直径和均方直径或 Hegyi 指数。Sharma et al.（2019）以胸径为自变量，先采用负指数函数模拟挪威云杉、苏格兰松、欧洲落叶松和欧洲山毛榉和树种群（冷杉物种、橡树物种、桦树和桤木物种）的林木高径比，然后在模型中加入优势高、优势直径、相对间距指数（RS）、均方直径比例（dq）、林层和树种等自变量，构建适合于几种树种的非线性混合效应模型。邵威威等（2023）以胸径为自变量，以负指数函数为基础模型，利用再参数化的方法以林木分级为哑变量构建大兴安岭地区兴安落叶松的林木高径比模型。

仅少数研究不以胸径作为林木高径比模型的自变量。Zhang et al.（2020）选择竞争、年龄和气候等因子作为自变量，利用非线性混合效应模型模拟我国福建、江西、广西和四川 4

个地区杉木的高径比，并通过层次分区分析各变量对林木高径
比模型的相对贡献。Hess et al.（2021）以树冠面积、断面积、
林分密度、年龄和每年胸径增长量为自变量，采用广义线性模
型模拟巴西南部 3 个研究地区巴西松优势树和共优势树的高径
比。Chukwu et al.（2021）以地径为自变量，通过多模型优选，
选用自然对数函数模拟尼日利亚 Omo 森林保护区柚木的高
径比。

1.5　林木高径比与林木遭受风雪灾害关系等

大多数研究认为，林木高径比越大，林木越容易遭受风雪
灾害。Petty et al.（1985）认为，树干锥度（林木高径比的倒数）
很可能是影响大风下西加云杉干折的最重要因素，树干锥度越
低（林木高径比越高），林木越易折断。Nykänen et al.（1997）
总结欧洲林木遭受雪害的影响因素认为，树干锥度是一个重要
因素。Cremer et al.（1983）对辐射松研究表明，林木遭受雪害
的严重程度随着林木高径比增大而增大。Peltola et al.（1993；
1998；2000）认为，随着林木高径比增大，林分边缘的苏格兰
松林木风倒或干折所需的风速较小；对林分边缘的苏格兰松、
挪威云杉和桦树的研究表明，相对于树干锥度较高（林木高径
比较小）的林木，树干锥度越低（林木高径比越高），林木越易
遭受风雪灾害；对芬兰东部苏格兰松、挪威云杉和桦树的拉倒
试验表明，具有更大林木高径比的林木更容易干折而不是掘
根。Woon et al.（2001）对美国蒙大拿州西部美国黄松、西部落
叶松、内陆道格拉斯冷杉和美国黑松研究表明，相对于林木高
径比较小的林木，林木高径比较大的更易遭受风雪灾害。郝佳

等(2012)对宁夏六盘山地区华北落叶松人工林研究表明，当高径比超过70后就可能发生雪害，超过90后林木受害率快速上升，超过100以后则急剧上升。一些学者从抗风雪的角度提出部分树种林木高径比的建议值(表1-2)。尽管这些数值是经验值，但仍具有重要的参考价值。

表 1-2　部分树种林木高径比的建议数值

Tab. 1-2　Recommended values for height/diameter ratio

of some tree species

树种	高径比数值	参考文献
西部落叶松 (*Larix occidentalis*)	80	Wonn et al., 2001
挪威云杉 (*Picea abies*)	80	Peltola et al., 1997
内陆道格拉斯冷杉 (*Pseudotsuga menziesii*)	80	Wonn et al., 2001
桦木 (*Betula* spp.)	140	Navratil, 1995
美国黑松 (*Pinus contorta*)	80	Wonn et al., 2001
栎木 (*Quercus* spp.)	140	Navratil, 1995
美国黄松 (*Pinus ponderosa*)	80	Wonn et al., 2001
山毛榉 (*Fagus longipetiolata*)	140	Navratil, 1995
辐射松 (*Pinus radiata*)	74	Cremer et al., 1982
西加云杉 (*Picea sitchenrsis*)	60	Navratil, 1995
苏格兰松 (*Pinus sylvestris*)	80	Peltola et al., 1997

一些学者将林木高径比作为自变量加入风雪灾害可能性模拟中。Päätalo et al.（1999）运用树干锥度模拟短期雪负荷下芬兰南部苏格兰松、挪威云杉和桦木遭受雪害的风险，其中树干锥度是模型变量中唯一的林木特征因子。Valinger et al.（1997）利用林木特征模拟苏格兰松林分遭受风雪灾害的可能性，认为林木高径比是最佳预测指标之一。

此外，Yang et al.（2018）以加拿大阿尔伯塔省的美洲山杨、黑松和白云杉为研究对象，将林木高径比作为一种竞争指标加入树高与冠长的混合效应模型中，以改善模型的预测效果。Adeyemi et al.（2017）以尼日利亚阿菲河森林保护区云南石梓树为研究对象，将林木高径比作为树冠比模型的预测指标，认为其能较好地预测树冠比。Kang et al.（2021）探讨了桧柏和柳杉林木高径比与林木生长的关系，结果表明 2 个树种的 HDR 与生长率呈负相关，并认为 2 个树种在径级较小时，HDR 均较高，生长速率较低，而随着径级的增大，HDR 降低，生长速率增加。有少数研究探讨了平均高径比（平均高与平均胸径的比值），例如，黄旺志等（1997）研究表明，光山县晏岗林场杉木平均高径比随林分密度增大而增大，不同密度处理间的差异达到显著或极显著水平；Bošera et al.（2014）选用平均树冠比、林分密度、海拔、立地指数、林分平均高等变量模拟了斯洛伐克挪威云杉的平均高径比。为了探讨单木生长模型是否准确地描述挪威云杉和苏格兰松的林木高径比，Vospernik et al.（2010）评价了中欧地区 4 种常用的单木生长模型（代表了不同单木生长模型的类型）对林木高径比的预测，这些模型虽都不能直接预测林木高径比，但都能预测林木高径比的大致分布格局。

第 2 章 研究区概况和数据收集

2.1 研究区概况

2.1.1 建瓯万木林省级自然保护区概况

建瓯万木林省级自然保护区（118°08′22″~118°09′23″E，27°02′28″~27°03′32″N）位于福建省建瓯市境内，是 1957 年划定的全国首批 19 个天然森林禁伐区（自然保护区）之一（何友钊，1989），是继鼎湖山之后我国建立的第二个自然保护区，有 600 多年的封禁保护历史，是经自然演替形成的富有特色的中亚热带常绿阔叶林，现以保护典型中亚热带常绿阔叶林（天然阔叶林）为主。

保护区属中亚热带季风气候，降水充沛，年降水量 1 670 mm，年均相对湿度 81%；四季分明，年均气温 18.7℃，7 月平均气温和极端最高气温分别为 28.3℃ 和 40.7℃，1 月平均气温和极端最低气温分别为 13.8℃ 和 −5.9℃；热量丰富，降雪极少，全年无霜期 277 d。

保护区属武夷山南坡低山丘陵，海拔 230~556 m，山下部坡度较大，中上部逐渐平缓；山势由上而下逐渐开阔，西南边境有明显的河谷为界；地质上原是华南台地的一部分；土壤主要为红壤，立地类型以Ⅱ类地为主。

保护区内已鉴定的维管植物种类有168科618属1 331种，其中木本植物559种，半木本植物10种，草本植物762种，蕨类植物151种（隶属于34科63属），种子植物1 180种（隶属于134科555属），其中万木林通泉草为新发现模式标本产地物种；有药用植物491种，芳香植物100种，观赏植物136种；国家重点保护野生植物和福建省重点保护野生植物分别有11种和6种，其中以观光木（*Tsoongiodendron odorum*）、沉水樟（*Cinnamomum micranthum*）、浙江桂（*Cinnamomum chekiangense*）为优势树种的森林群落为我国或福建省特有，福建含笑（*Michelia fujianensis*）仅万木林保护区有小面积分布。

2.1.2 三明格氏栲省级自然保护区概况

三明格氏栲省级自然保护区（117°24′49″~117°29′26″E，26°07′25″~26°12′09″N）位于福建省三明市三元区和永安市境内，源于1958年郑万钧教授提议并于1960年建立的莘口天然林保护区，以保护国内罕见、演替时间达200多年、集中成片分布面积最大（达907 hm²）、纯度最高、发育最完善的典型中亚热带格氏栲单优群落为主。

保护区属于中亚热带季风气候，气候温和，雨量充沛，土壤肥沃，水热资源丰富，年均温19.5℃，最高月平均气温29.1℃，最低月平均气温6.7℃，极端最高气温40.6℃，极端最低气温-5.5℃；年降水量1 700 mm，年均相对湿度79%；霜雪偶见，全年无霜期300 d以上。

保护区地处武夷山脉东伸支脉，海拔250~604 m，东南方为戴云山支脉，为两大山脉间地势较为平缓区域；成土母岩主要有砂岩、粉砂岩、石英砂岩，土壤类型以暗红壤、红壤为主。

保护区有维管植物 183 科 1 003 种，其中蕨类植物 37 科 87 种、种子植物 146 科 816 种（包括裸子植物 9 科 19 种、被子植物 137 科 897 种）；除格氏栲（*Castanopsis kawakamii*）、米槠（*Castanopsis carlesii*）外，还有樟（*Cinnamomum camphora*）、楠（*Phoebe zhennan*）、黄杞（*Engelhardia roxburghiana*）、香花木（*Spermadictyon suaveolens*）、福建青冈栎（*Cyclobalanopsis chungii*）、细叶香桂（*Cinnamomum subavenium*）等珍贵树种；药用植物有麦冬（*Ophiopogon japonicus*）、山姜（*Alpinia japonica*）、七叶一枝花（*Paris polyphylla*）、金线莲（*Anoectochilus formosanus*）等。

2.1.3　顺昌县概况

顺昌县（117°30′~118°14′E，26°39′~27°12′N）位于福建省西北部，东北与建瓯市相依，县境东西长 74 km，南北宽 61 km，总面积 1 985 km²，是福建省重点林业县，又是毛竹生产基地县，是著名的"竹子之乡"，福建省消灭荒山第一县。

该县属于中亚热带海洋性季风气候，雨量充沛，平均年降水量 1 756 mm，年平均相对湿度一般为 81.5%；四季明显，年平均气温 18.5℃，7 月平均气温和极端最高气温分别为 28.1℃和 40.3℃，1 月平均气温和极端最低气温分别为 7.9℃和-6.8℃；热量充沛，年平均日照 1 740.7 h，全年无霜期 305 d。

该县属于福建西北山地丘陵区，主要地貌类型为低山和高丘，分别占全县地土地总面积的 43.9%和 35.0%；岩石以变质岩类和花岗岩类为主；土壤以红壤为主。

该县植物种类共有 1 399 种（隶属于 187 科 713 属），其中蕨类植物 106 种（隶属于 33 科 58 属）；裸子植物 30 种（隶属于 9 科 19 属）；被子植物 1 263 种（隶属于 145 科 636 属）。

2.2　数据收集

2.2.1　样地设置与调查

按以下标准选择典型中亚热带天然阔叶林为试验林分：①基本符合中亚热带天然阔叶林理想结构的标准（黄清麟，2003）；②基本未受人为干扰；③充分郁闭林分（黄清麟等，2021a；2021b）；④基本为地带性顶极群落；⑤群落类型多样且相对集中。

按以下标准选择次典型中亚热带天然阔叶林为试验林分：①典型的次生林；②林层分异过程中基本未受人为干扰；③充分郁闭林分（黄清麟等，2021a；2021b）；④处于林层演替中期（目前尚未自然分异出 3 个乔木亚层，只分异出 2 个乔木亚层）；⑤群落类型多样且相对集中。

本研究按以上标准要求经过全面踏查，在建瓯万木林省级自然保护区选择 5 个典型中亚热带天然阔叶林（1~5 号样地）和 2 个次典型中亚热带天然阔叶林（7~8 号样地）为试验林分，在三明格氏栲省级自然保护区选择 1 个次典型中亚热带天然阔叶林（6 号样地）为试验林分。1~6 号样地的面积设置为 50 m× 50 m，7 号样地为 20 m×60 m，8 号样地为 20 m×40 m。在各样地进行每木调查（胸径≥5.0 cm 的林木），准确调查测定并记录每株林木的树高、胸径、种名、位置、枝下高、冠幅和冠型等因子,采用最大受光面法(maximum light receiving plane,MLRP)进行林层划分(庄崇洋等,2017a;庄崇洋,2016)。为准确测定树高,采用最原始的测高杆树高测定方法,采用 27 m 测高杆直接测量 29 m 以下林木树高(加上 2 m 人工托举测高杆的高度),对于树高大于 29 m 的林木辅以测高器和望远镜准确测定 29 m 以上部分的林木高度。各样地概况、各林层胸径特征和各林层树高特征分别见表 2-1 和表 2-2。

2.2.2 解析木数据收集与整理

充分收集中亚热带天然阔叶树树干解析数据(主要源于福建 1950—1960 年数据),共选取 32 株解析木用于分析中亚热带天然阔叶林单木水平的林木高径比特征。各阔叶树解析木的基本信息见表 2-3,表中各人工阔叶树解析木用于同天然解析木进行比较。

由于中亚热带天然阔叶林结构复杂,无法模拟林分与环境条件一致的情景。因此,充分收集人工杉木解析木数据,选用人工杉木同龄纯林共 98 块样地(来自福建省建瓯市、尤溪县和武平县)的优势木和平均木林木高径比数据(源于优势木和平均木树干解析测定的胸径和树高数据),模拟只有竞争压力不同、其他林分与环境条件(包括气候、立地、树种、年龄、林分密度和经营历史等)都一致的情景来探讨林木高径比与林木竞争压力的关系。人工杉木解析木及其林分的基本信息见表 2-4。

表 2-1　样地概况

Tab. 2-1　General situation of sample plots

样地号	群落类型	树种丰富度	Shannon-Wiener 指数	Shannon-Wiener 均匀度	平均胸径 (cm)	平均树高 (m)	密度 (株/hm²)	蓄积量 (m³/hm²)
1	木荷+光叶山矾 (Schima superba +Symplocos lancifolia)	36	3.82	0.74	21.0	26.8	1 164	481.7
2	猴欢喜+木荷 (Sloanea sinensis+Schima superbar)	50	4.56	0.81	25.7	27.9	952	591.5
3	木荷+新木姜子 (Schima superba+Neolitsea aurata)	49	4.83	0.86	22.0	23.9	1 076	435.4
4	木荷+浙江桂 (Schima superba+Cinnamomum chekiangense)	45	4.51	0.82	23.6	24.1	1 056	493.3
5	浙江桂+木荷 (Cinnamomum chekiangense+Schima superba)	45	4.47	0.83	21.9	25.2	1 056	443
6	格氏栲+木荷 (Castanopsis kawakamii+Schima superba)	25	3.61	0.78	29.1	26.7	542	417.2
7	米槠+山杜英 (Castanopsis carlesii+Elaeocarpus sylves)	25	2.92	0.63	24.7	23.1	1 208	612.7
8	木荷+东南野桐 (Schima superba+Mallotus lianus)	33	4.37	0.87	14.2	18.4	1 875	262.9

表2-2　各林层胸径特征和树高特征

Tab. 2-2　Characteristic of DBH and tree height in each stratum

对象	样地号	平均值				变化范围			
		全林分	第I亚层	第II亚层	第III亚层	全林分	第I亚层	第II亚层	第III亚层
各林层胸径特征 (cm)	1	21.0±14.8	44.9±14.3	21.9±6.3	9.4±3.2	5.0~80.1	20.3~80.1	12.8~39.0	5.0~18.8
	2	25.7±19.6	66.4±22.6	27.5±8.9	11.0±4.7	5.0~109.2	28.4~109.2	12.3~47.0	5.0~30.6
	3	22.0±15.8	51.3±14.1	31.9±11.8	10.5±4.4	5.0~87.0	25.7~87.0	13.6~66.9	5.0~26.1
	4	23.4±16.9	45.4±15.3	25.9±12.0	10.8±5.2	5.0~81.5	19.4~81.5	10.7~55.8	5.0~33.0
	5	21.9±16.2	51.1±16.5	29.3±12.1	9.4±3.4	5.0~81.2	29.1~81.2	11.5~69.2	5.0~18.8
	6	29.1±20.5	—	48.3±17.5	8.8±3.4	5.0~110.0	—	15.8~110.0	5.0~22.0
	7	24.7±12.9	—	32.8±7.1	11.0±4.3	5.2~48.6	—	16.1~48.6	5.2~24.2
	8	14.2±7.5	—	23.9±7.6	9.6±3.1	5.2~45.2	—	10.8~45.2	5.2~19.1
各林层树高特征 (m)	1	27.0±14.8	31.3±3.1	20.7±2.2	11.5±3.4	4.7~37.0	25.0~37.0	17.2~24.0	4.7~16.9
	2	28.1±15.9	33.7±4.1	20.6±2.5	12.0±3.8	3.5~40.0	27.0~40.0	16.6~25.3	3.5~16.5
	3	24.1±12.6	29.8±3.2	21.3±2.2	12.4±3.9	4.0~35.0	25.0~35.0	17.0~24.0	4.0~16.9
	4	24.7±13.1	27.9±3.0	19.1±1.4	12.4±4.0	3.9~33.5	22.9~33.5	17.0~21.8	3.9~16.6
	5	25.5±14.1	30.9±3.8	21.6±2.6	11.3±3.5	3.9~38.0	25.0~38.0	16.1~24.3	3.9~16.0
	6	26.7±8.8	—	27.7±4.1	10.8±2.7	3.5~32.6	—	16.9~32.6	3.5~15.5
	7	23.1±9.8	—	24.3±2.8	12.0±3.9	4.4~30.0	—	17.6~30.0	4.4~16.8
	8	18.4±7.9	—	21.9±3.4	12.1±3.6	4.6~26.0	—	16.5~26.0	4.6~16.2

注：为了方便与典型林分（1~5号样地）各亚层比较，次典型林分（6、7号样地）第I、II亚层依次表述为第II、III亚层。

表 2-3　各阔叶树解析木的基本信息

Tab. 2-3　Basic information of each broad-leaved trees by stem analysis

林分类型	树种	年龄(a)	采集地点
典型林分	福建青冈 (*Cyclobalanopsis chungii*)	24	建瓯县
	楠木 (*Phoebe zhennan*)	105	闽清县
	紫楠 (*Phoebe sheareri*)	84	闽清县
	天竺桂 (*Cinnamomum japonicum*)	106	武夷山市
	罗浮栲 (*Castanopsis faberi*)	76~84	建瓯市、武夷山市
	木荷-Ⅰ (*Schima superba*)	51~156	沙县、建瓯市、三元区
次典型林分	木荷-Ⅱ (*Schima superba*)	23~84	沙县、建瓯市、永安市
	丝栗栲 (*Castanopsis fargesii*)	9~40	顺昌县、永安市、三元区
	米槠 (*Castanopsis carlesii*)	13~64	顺昌县、建宁市、永安市
人工林分	格氏栲 (*Castanopsis kawakamii*)	29~42	三元区
	闽楠 (*Phoebe zhennan*)	24	三元区
	格氏栲 (*Castanopsis kawakamii*)	23	三元区

表 2-4   人工杉木解析木及其林分的基本信息

Tab. 2-4   The basic information of artificial Chinese fir by

stem analysis and its stand

解析木株数 （株）	解析木年龄 （a）	郁闭度	密度 （株/hm²）
44	5~10	0.50~0.90	990~3 405
98	11~20	0.50~0.98	1 005~4 305
54	21~29	0.45~0.86	750~3 600

第3章 各林层林木高径比现实与理想数值状态

中亚热带天然阔叶林林分（群落）水平林木高径比特征包括各林层林木高径比现实与理想数值状态（第3章）、各林层林木高径比分布规律（第4章）和各林层林木高径比与胸径及树高关系（第5章）。本章研究内容包括各林层林木高径比的现实数值状态、各林层林木高径比的差异性和各林层林木高径比的理想数值状态。

3.1 数据整理

整理林木高径比数据，删除各林层中的枯死木和断梢木等。

3.2 研究方法

研究方法包括采用平均值和标准差描述各林层（包括全林、受光层、非受光层、第Ⅰ亚层、第Ⅱ亚层和第Ⅲ亚层）林木高径比的数值状态、运用 Mann-Whitney U 检验分析各亚层之间（包括第Ⅰ亚层、第Ⅱ亚层和第Ⅲ亚层之间以及受光层和非受光层之间）林木高径比平均值的差异显著性（陶澍，

1994)。

Mann-Whitney U 检验的其统计假设为 H_0：两个总体的大小没有显著差异；H_1：两个总体的大小有显著差异。首先将两组样本放在一起求秩（求秩时如果发现同分观测应当取平均秩），计算数量多的样本的秩和 R_t，再计算检验统计量 U_s，对 U_s 的显著性检验首先取决于样本量，由于本研究的样本量均高于 20，因此采用正态近似方法来确定检验的显著性。当样本量高于 20 时，由于检验值 U_s 趋向正态分布，即自由度为无穷的 t 分布，先计算检验 t 值，然后用 t 检验方式作显著性判断，若 $t > t_{\alpha[\infty]}$（双侧检验）时，则拒绝原假设 H_0。具体公式如下：

$$U_1 = n_1 \times n_2 + \frac{n_1 \times (n_1 + 1)}{2} - R_t \qquad (3\text{-}1)$$

$$U_2 = n_1 \times n_2 - U_1 \qquad (3\text{-}2)$$

$$U_s = \max(U_1, U_2) \qquad (3\text{-}3)$$

$$t = \frac{U_s - \dfrac{n_1 \times n_2}{2}}{\sqrt{\dfrac{n_1 \times n_2 (n_1 + n_2 + 1)}{12}}} \qquad (3\text{-}4)$$

式中：n_1 表示 1 号样本的数量；n_2 表示 2 号样本的数量；R_t 表示数量多的样本的秩和；U_1、U_2、U_s 均表示检验统计量；t 表示 t 检验的统计量；$t_{\alpha[\infty]}$ 可查表获得。

3.3　各林层林木高径比现实数值状态

中亚热带天然阔叶林全林林木高径比平均值为 101.2，各

表 3-1　各林层林木高径比平均值及分布范围

Tab. 3-1　Mean value and distribution range of height/diameter ratio in each stratum

样地号	S		I		II		L		III (NL)	
	平均值	分布范围	平均值	分布范围	平均值	分布范围	平均值	分布范围	平均值	分布范围
1	108.0±28.1	42.5~175.9	78.2±23.9	42.5~157.3	101.4±23.1	56.4~157.3	89.1±26.4	42.5~157.3	116.2±24.7	55.7~175.9
2	97.2±31.8	27.5~242.5	58.1±18.6	27.5~109.2	82.2±22.1	37.2~138.2	74.3±24.0	27.5~138.2	107.4±29.4	43.5~242.5
3	103.8±32.1	34.5~202.9	62.8±16.6	36.8~108.2	77.7±24.6	34.5~140.5	71.8±23.2	34.5~140.5	114.0±27.6	47.8~202.9
4	102.2±32.4	32.2~209.0	69.4±21.1	35.9~123.2	97.8±36.9	32.2~181.1	77.8±30.0	32.2~181.1	112.0±28.0	47.3~209.0
5	104.1±30.9	32.5~198.8	66.1±17.5	38.4~94.0	85.9±23.6	32.5~148.4	78.4±23.7	32.5~148.4	114.0±27.5	54.2~198.8
6	96.6±33.4	26.7~174.6	—	—	64.0±19.6	26.7~109.0	64.0±19.6	26.7~109.0	114.1±25.1	71.3~171.2
7	87.7±22.1	49.2~172.5	—	—	76.9±15.0	49.2~113.5	76.9±15.0	49.2~113.5	99.5±22.5	64.3~174.6
8	110.0±22.0	57.5~171.2	—	—	94.6±20.1	57.5~152.8	94.6±20.1	57.5~152.8	114.7±20.4	55.1~172.5

注：表中 S 表示全林分，I 表示第 I 亚层，II 表示第 II 亚层，III 表示第 III 亚层，L 表示受光层（包括第 I 亚层和第 II 亚层），NL 表示非受光层；表中符号"±"前的数值为林木高径比平均值，表格中符号"±"后的数值为林木高径比的标准差。

亚层林木高径比平均值随亚层高度升高而减小，排序与数值为：第Ⅰ亚层（66.9）<第Ⅱ亚层（89.0）<第Ⅲ亚层（111.5）以及受光层（78.4）<非受光层（111.5）；各亚层最小值与最大值排序与其平均值排序一致。对于中亚热带天然阔叶林各林层林木高径比标准差，全林为22.1~33.4，第Ⅰ亚层为16.6~23.9，第Ⅱ亚层为15.0~36.9，受光层为15.0~30.0，第Ⅲ亚层（非受光层）为20.4~29.4。对于中亚热带天然阔叶林各林层林木高径比分布范围，全林为26.7~242.5，第Ⅰ亚层为27.5~135.0，第Ⅱ亚层为26.7~181.1，受光层为26.7~181.1，第Ⅲ亚层（非受光层）为43.5~242.5；其中典型林分全林、受光层和非受光层的林木高径比分布范围依次为27.5~242.5、27.5~181.1和43.5~242.5，明显高于次典型林分的全林（26.7~174.6）、受光层（64.0~94.6）和非受光层（55.1~174.6）。中亚热带天然阔叶林最高与最低的林木高径比之差高达215.8。

以上结果表明，中亚热带天然阔叶林林木高径比的数值高、变动大、分布范围宽，各亚层林木高径比平均值随亚层高度升高而减小。

3.4　各亚层林木高径比差异性

中亚热带天然阔叶林各亚层林木高径比平均值差异显著性检验结果见表3-2。除4号样地第Ⅱ亚层与第Ⅲ亚层之间林木高径比平均值为显著差异外，其他样地内各亚层之间（包括第Ⅰ亚层、第Ⅱ亚层和第Ⅲ亚层之间以及受光层和非受光层之间）林木高径比平均值均为极显著差异。以上结果说明，中亚热带天然阔叶林各亚层林木高径比平均值之间均有极显著差异，因此有必要分亚层来探讨林木高径比特征。

表 3-2　样地内各亚层间林木高径比平均值差异显著性检验

Tab. 3-2　Significance test of difference in the mean *HDR* among
the stratum in sample plots

样地号	全林	第Ⅰ亚层	第Ⅱ亚层	受光层	第Ⅲ亚层（非受光层）
1	108.0	78.2A	101.4B	89.1D	116.2C
2	97.2	58.1A	82.2B	74.3D	107.4C
3	103.8	62.8A	77.7B	71.8D	114.0C
4	102.2	69.4A	97.8Bb	77.8D	112.0Bc
5	104.1	66.1A	85.9B	78.4D	114.0C
6	96.6	—	64.0D	64.0D	114.1C
7	87.7	—	76.9D	76.9D	99.5C
8	110.0	—	94.6D	94.6D	114.7C

注：不同大写字母代表同一样地内各亚层间（受光层仅与非受光层比较）在 0.01 水平上差异显著；不同小写字母代表同一样地内各亚层间（受光层仅与非受光层比较）在 0.05 水平上差异显著；不对各样地间林木高径比平均值进行差异显著性检验。

3.5　各林层林木高径比理想数值状态

典型林分(1~5 号样地)均符合中亚热带天然阔叶林理想结构森林的要求，可综合典型林分(1~5 号样地)各林层林木高径比平均值及变化范围，作为中亚热带天然阔叶林各林层林木高径比的理想数值状态。中亚热带天然阔叶林林木高径比理想数值状态为：全林平均值 103.1（分布范围 27.5~242.5），第Ⅰ亚层平均值 66.9（分布范围 27.5~135.0），第Ⅱ亚层平均值 89.0（分布范围 32.2~181.1），受光层平均值 78.3（分布范围 27.5~181.1），第Ⅲ亚层（非受光层）平均值 112.7（分布范围 43.5~242.5）。

3.6　讨　论

中亚热带天然阔叶林全林林木高径比平均值为 101.2，与丁贵杰等（1997）研究的不同造林密度下 4~15 年生人工杉木林的平均林木高径比（均不超过 81.5）和黄旺志等（1997）研究的不同造林密度下 6~14 年生人工杉木林的平均林木高径比（均不超过 80）以及 Zhang et al.（2020）计算的中国南方 4 个地区的杉木全林林木高径比平均值（89.3~92.8）相比，中亚热带天然阔叶林全林林木高径比平均值明显更高。中亚热带天然阔叶树全林林木高径比标准差分布范围为 22.1~33.4，其中典型林分全林标准差为 28.1~32.4，均明显高于 Zhang et al.（2020）计算的中国南方 4 个地区杉木全林林木高径比的标准差（15.4~21.3）。中亚热带天然阔叶林全林林木高径比平均值及变动范围为何如此之高以及是否受到林木竞争的影响等均还有待进一步研究。

3.7　小　结

中亚热带天然阔叶林林木高径比的数值高、变动大、分布范围宽；典型林分各林层林木高径比分布范围明显大于次典型林分；中亚热带天然阔叶林各亚层林木高径比平均值之间均有极显著差异，因此有必要分亚层来探讨林木高径比特征；中亚热带天然阔叶林林木高径比理想数值状态（平均值与分布范围）为：全林 103.1（27.5~242.5），第Ⅰ亚层 66.9（27.5~135.0），第Ⅱ亚层 89.0（32.2~181.1），受光层 78.3（27.5~181.1），第Ⅲ亚层（非受光层）112.7（43.5~242.5）。

第4章　各林层林木高径比分布规律

本章研究内容包括各林层林木高径比分布检验与拟合和各林层林木高径比分布与直径分布的比较。

4.1　数据整理

整理各林层的林木高径比数据，删除枯死木和断梢木所对应的数据。

4.2　研究方法

研究方法包括利用 Shapiro-Wilk 法对各林层（包括全林、受光层、非受光层、第Ⅰ亚层、第Ⅱ亚层和第Ⅲ亚层）的林木高径比分布进行正态性检验（梁小筠，1997）；利用偏度和峰度指标描述林木高径比分布的偏离程度和离散程度（王丙参等，2015）；选择正态分布（韩明，2019）、Weibull 分布函数（孟宪宇，2006）拟合各林层的林木高径比分布，采用卡方（χ^2）检验法检验拟合效果（孟宪宇，2006）。

（1）Shapiro-Wilk 法

该方法的统计假设为 H_0：样本来自正态分布的总体；H_1：

样本来自非正态分布的总体。检验前需先将样本按大小值按由小到大的顺序进行排列，然后计算统计量 W，将计算统计量 W 与临界值 $W_{\alpha[n]}$ 比较，若计算值小于临界值，则拒绝原假设 H_0。统计量 W 计算公式如下：

$$W = \frac{\left\{ \sum_{i=1}^{\left[\frac{n}{2}\right]} a_i(W) [x_{n+1-i} - x_i] \right\}^2}{\sum_{i=1}^{n} (x_i - \bar{x})^2} \tag{4-1}$$

式中：n 为样本量；$\bar{x}$ 表示样本均值；$a_i(W)$ 可查表获得；$\left[\dfrac{n}{2}\right]$ 表示数 $n/2$ 的整数部分。

(2) 偏度(SK) 和峰度(KT) 系数

利用偏度和峰度指标描述林木高径比分布的偏离程度和离散程度，其计算公式如下：

$$SK = \frac{n}{(n-1)(n-2)} \sum_{i=1}^{n} \left(\frac{x_i - \bar{x}}{S} \right)^3 \tag{4-2}$$

$$KT = \left[\frac{n(n-1)}{(n-1)(n-2)(n-3)} \sum_{i=1}^{n} \left(\frac{x_i - \bar{x}}{S} \right)^4 \right] - \frac{3(n-1)^2}{(n-2)(n-3)} \tag{4-3}$$

式中：SK 和 KT 是描述分布图形对称性和陡缓程度与正态分布图形差异程度的指标，其绝对值越小，数据分布图形与正态分布图形越接近；n 表示林木株数；x_i 表示第 i 株林木的林木高径比；$\bar{x}$ 表示平均值；S 为林木高径比标准差。

(3) 正态分布函数

选用正态分布对各样地各林层林木高径比分布进行拟合，

其计算公式如下：

$$f(x) = \frac{1}{\sqrt{2\pi}\sigma} \exp\left[-\frac{(x-\mu)^2}{2\sigma^2}\right] \tag{4-4}$$

式中：μ 为变量 x 的数学期望；σ 为随机变量 x 的标准差。

（4）Weibull 分布函数

选用 Weibull 分布函数对各样地各林层林木高径比分布进行拟合，其计算公式如下：

$$f(x) = \begin{cases} 0 & (x \leqslant a) \\ \dfrac{c}{b}\left(\dfrac{x-a}{b}\right)^{c-1} \exp\left[-\left(\dfrac{x-a}{b}\right)^c\right] & (x>a,\ b>0,\ c>0) \end{cases} \tag{4-5}$$

式中：a 为位置参数；b 为尺度参数；c 为形状参数。

（5）χ^2 检验

用 χ^2 检验法对拟合效果进行检验，其计算公式如下：

$$\chi^2 = \sum_{i=1}^{m} \frac{(n_i - \hat{n}_i)^2}{\hat{n}_i} \tag{4-6}$$

式中：m 为林木高径比级数；n_i 为第 i 个林木高径比级实际株数；$\hat{n}_i$ 为第 i 个林木高径比级理论株数；χ^2 自由度为 $m-k-1$，其中 k 为参数个数。

4.3　各林层林木高径比分布拟合与检验

典型林分（1~5 号样地）各林层林木高径比分布的偏度与峰度及拟合与检验结果见表 4-1。各林层林木高径比分布均呈正态分布（基本通过 S-W 检验）。运用正态分布函数拟合各林层林木高径比分布，其结果均通过卡方检验，说明正态分布函

表 4-1 各林层林木高径比分布偏度与峰度及拟合与检验结果

Tab. 4-1 Skewness and kurtosis, fitting and test results of tree height-to-diameter ratio distribution in each stratum

| 样地号 | 层属 | S-W 检验 | 偏度 | 峰度 | 正态分布 | | | Weibull 分布函数 | | | |
| | | | | | 参数 | | 卡方值 | 参数 | | | 卡方值 |
					μ	σ	χ^2	a	b	c	χ^2
1	S	0.097*	-0.10	-0.49	108.036	28.374	18.264*	39.900	76.987	2.674	21.213
	I	0.029	0.67	-0.42	77.556	24.323	10.301*	39.900	44.353	1.785	8.894*
	II	0.782*	0.16	0.03	101.500	23.044	3.343*	59.900	50.711	2.363	6.968*
	III	0.632*	-0.06	-0.35	116.410	24.942	16.171*	59.900	64.797	2.623	26.988
	L	0.126*	0.28	-0.59	88.824	26.476	5.977*	39.900	56.478	2.064	7.952*
2	S	0.001	0.62	1.21	97.193	32.121	13.813*	29.900	76.507	2.266	11.806*
	I	0.489*	0.81	0.99	57.391	18.882	0.650*	29.900	28.741	1.600	2.367*
	II	0.313*	0.49	-0.17	82.128	22.061	7.462*	39.900	48.749	2.176	6.258*
	III	0.000	0.84	1.93	107.468	29.882	18.855*	39.900	75.536	2.626	14.681*
	L	0.308*	0.47	-0.12	74.000	23.981	5.543*	29.900	83.437	2.489	11.028*
3	S	0.125*	0.20	-0.12	103.811	32.184	10.909*	29.900	83.437	2.489	11.028*
	I	0.193*	1.00	1.00	63.200	17.009	2.217*	39.900	28.510	1.723	1.917*
	II	0.276*	0.61	0.33	77.436	25.206	4.560*	29.900	54.984	2.139	4.002*
	III	0.082*	0.38	0.36	113.980	27.678	7.843*	49.900	72.774	2.556	8.930*
	L	0.014	0.86	0.71	71.875	23.291	6.469*	29.900	48.141	1.988	2.836*

（续）

样地号	层属	S-W 检验	偏度	峰度	正态分布		卡方值 χ^2	Weibull 分布函数			卡方值 χ^2
					参数			参数			
					μ	σ		a	b	c	
4	S	0.073*	0.16	-0.01	100.906	33.630	16.192*	29.900	80.455	2.273	22.689
	I	0.081*	0.53	-0.48	69.231	21.679	6.985*	39.900	38.162	1.828	40.916
	II	0.514*	0.45	0.16	97.727	37.662	4.333*	29.900	80.037	2.155	5.167*
	III	0.074*	0.19	0.73	112.337	28.293	12.096*	49.900	72.009	2.549	28.299
	L	0.001	1.08	1.53	77.703	30.139	10.444*	29.900	54.397	1.715	6.356*
5	S	0.251*	0.19	-0.16	104.235	31.084	10.569*	29.900	83.808	2.600	13.055*
	I	0.092*	0.14	-1.29	65.556	16.946	3.590*	39.900	32.565	2.073	8.144
	II	0.495*	-0.11	0.53	86.364	23.830	6.151*	29.900	64.519	2.788	8.606*
	III	0.104*	0.32	-0.21	114.185	27.746	10.113*	49.900	72.737	2.534	7.882*
	L	0.306*	0.20	0.00	78.451	23.643	8.199*	29.900	55.424	2.272	8.785*
6	S	0.166*	0.06	-0.66	96.714	33.403	10.815*	29.999	76.895	2.249	15.305*
	L	0.480*	0.29	-0.49	64.294	20.011	4.200*	29.999	41.822	2.153	9.317*
	NL	0.420*	0.16	-0.35	113.956	25.512	11.869*	59.999	62.947	2.543	15.027*
7	S	0.000	0.78	0.92	87.786	21.924	10.005*	49.999	44.346	1.980	22.064
	L	0.236*	0.37	-0.13	77.123	15.136	3.611*	49.999	32.960	2.297	17.879
	NL	0.332*	0.51	0.73	99.403	22.353	4.910*	59.999	46.673	2.085	9.483*

（续）

样地号	层属	S-W 检验	偏度	峰度	正态分布			Weibull 分布函数			
					参数		卡方值	参数			卡方值
					μ	σ	χ^2	a	b	c	χ^2
8	S	0.007	0.43	0.29	110.000	22.723	7.667*	59.999	56.945	2.422	6.498*
	L	0.274*	0.79	1.15	94.348	20.851	2.083*	59.999	40.622	1.953	1.000*
	NL	0.001	0.61	0.32	114.737	21.196	9.810*	69.999	51.942	2.453	9.086*

注：* 表示服从假设分布。

数对各林层林木高径比分布的拟合效果好；而运用 Weibull 分布函数拟合的结果较多未通过卡方检验(除了第Ⅱ亚层、受光层全部通过外，其余林层均有 2 个样地未通过)，说明 Weibull分布对各林层林木高径比分布的拟合效果不理想；偏度结果表明，各林层偏度基本大于 0，可以认为，各林层林木高径比分布为右偏；峰度结果表明，全林、第Ⅰ亚层峰度基本为负值，第Ⅱ亚层、第Ⅲ亚层、受光层峰度基本为正值，可以认为，全林、第Ⅰ亚层的林木高径比分布相对较为分散，第Ⅱ亚层、第Ⅲ亚层、受光层的林木高径比分布相对较为集中；各林层林木高径比分布的顶峰随着亚层高度的升高向左移，峰值较大的是第Ⅲ亚层(非受光层)，较小的是第Ⅰ亚层和第Ⅱ亚层以及受光层。运用正态分布函数拟合其各林层林木高径比分布，结果如图 4-1 所示。

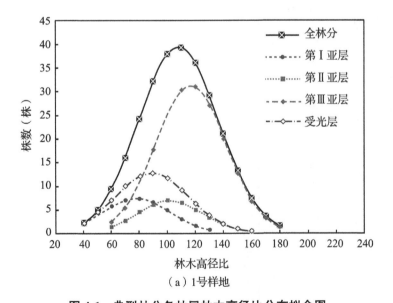

（a）1号样地

图4-1　典型林分各林层林木高径比分布拟合图

Fig. 4-1　Fitting curves of _HDR_ distribution in each stratum in typical stand

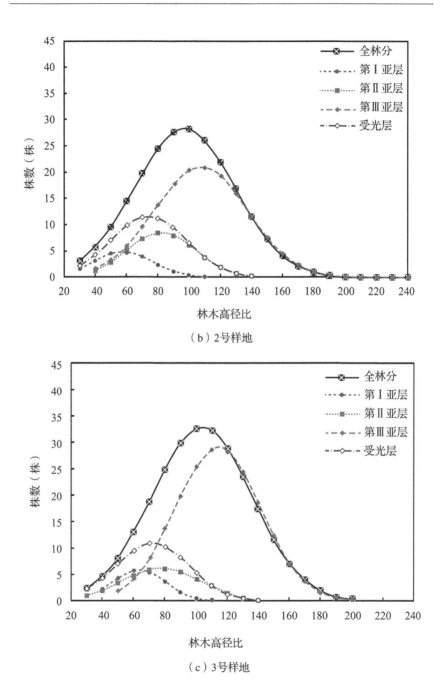

（b）2号样地

（c）3号样地

图 4-1　典型林分各林层林木高径比分布拟合图（续）

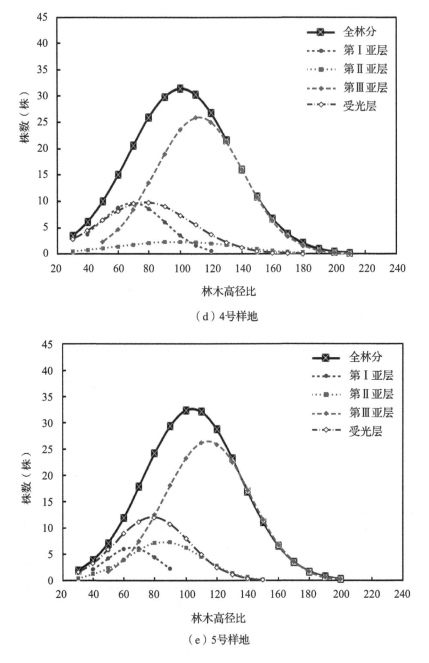

（d）4号样地

（e）5号样地

图4-1　典型林分各林层林木高径比分布拟合图(续)

　　次典型林分各林层林木高径比分布规律与典型林分基本一致。次典型中亚热带天然阔叶林(6~8 号样地)各林层林木高径比分布的偏度与峰度及拟合与检验结果见表 4-1，各林层林木高径比分布均呈正态分布(基本通过 S-W 检验)。运用正态分布函数和 Weibull 分布函数拟合各林层林木高径比分布，其结果均通过卡方检验，说明正态分布函数和 Weibull 分布函数对各林层林木高径比分布的拟合效果较好。偏度结果表明，各林层偏度基本大于 0，可以认为，各林层林木高径比分布为右偏。峰度结果表明，受光层多数为负值，全林和非受光层多数为正值，可以认为，受光层林木高径比分布相对较为分散；全林和非受光层林木高径比分布相对较为集中。各林层林木高径比分布的顶峰随着亚层高度的升高向左移。运用正态分布函数拟合各林层林木高径比分布，结果如图 4-2 所示。

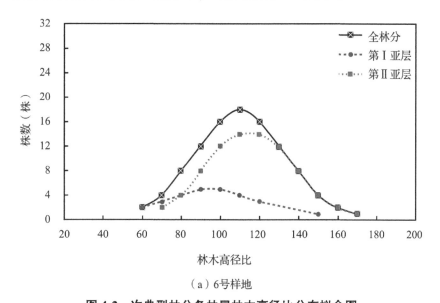

（a）6号样地

图 4-2　次典型林分各林层林木高径比分布拟合图
Fig. 4-2　Fitting curves of HDR distribution in each stratum in subtypical stand

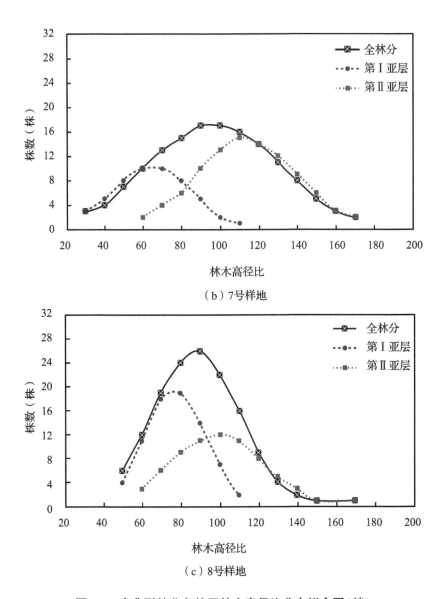

（b）7号样地

（c）8号样地

图4-2　次典型林分各林层林木高径比分布拟合图(续)

4.4　各林层林木高径比分布与直径分布的比较

　　各林层林木高径比分布与直径分布的比较结果见表 4-2。对于偏度的正负，各林层林木高径比分布和直径分布一致，均为右偏，而偏度的绝对值在全林、第Ⅱ亚层和第Ⅲ亚层有明显差异（其中林木高径比分布偏度绝对值≤1，直径分布偏度绝对值>1）；对于峰度的正负，各林层林木高径比分布和直径分布较为一致（除全林外），而峰度的绝对值在全林、第Ⅱ亚层和第Ⅲ亚层有明显差异（其中林木高径比分布峰度绝对值≤1，直径分布峰度绝对值>1）。对于分布曲线形状，各林层林木高径比分布均为正态分布曲线，而直径分布仅在第Ⅰ亚层和第Ⅱ亚层近似正态分布的曲线，在全林和第Ⅲ亚层均为反"J"形曲线。以上结果反映出：典型中亚热带天然阔叶林林木高径比分布与直径分布有明显不同之处，全林和第Ⅲ亚层林木高径比分布呈正态分布，而全林和第Ⅲ亚层直径分布呈反"J"形分布。

4.5　讨　论

　　本研究中全林林木高径比分布在高径比级为 60~120 的区间基本为 3 个亚层林木高径比分布叠加的结果，今后在研究全林林木高径比分布与各亚层林木高径比之间的关系时，需要特别关注这个区间的林木高径比。

　　本研究中仍有 1 号样地第Ⅰ亚层和 2 号样地全林、第Ⅲ亚层的林木高径比分布未通过 S-W 检验，其原因可能是这些样地或林层中均存在一个特大的林木高径比值（依次为 135.0、

表 4-2　各林层林木高径比分布与直径分布的比较

Tab. 4-2　Comparison of height/diameter ratio distribution and diameter distribution in each stratum

层属	对象	偏度		峰度		分布曲线形状	卡方检验
		正负	绝对值	正负	绝对值		
S	林木高径比分布 HDR distribution	>0	≤1	基本为负	≤1	正态分布曲线 N	通过 Pass
S	直径分布 DBH distribution	>0	>1	>0	>1	反"J"形曲线 J	基本通过 AP
I	林木高径比分布 HDR distribution	>0	≤1	较多<0	基本≤1	正态分布曲线 N	通过 Pass
I	直径分布 DBH distribution	>0	≤1	基本为负	≤1	近似正态分布的曲线 NN	通过 Pass
II	林木高径比分布 HDR distribution	>0	≤1	基本为正	≤1	正态分布曲线 N	通过 Pass
II	直径分布 DBH distribution	>0	较多>1	基本为正	较多>1	近似正态分布的曲线 NN	通过 Pass
III	林木高径比分布 HDR distribution	>0	≤1	基本为正	基本≤1	正态分布曲线 N	通过 Pass
III	直径分布 DBH distribution	>0	>1	>0	基本>1	反"J"形曲线 J	通过 Pass

注：表格中典型林分各林层直径分布的结果来源于参考文献(庄崇洋等，2017b)。表格中的"基本"表示 4 个样地，表格中的"较多"表示 3 个样地，表格中林木高径比分布的卡方检验结果针对的是正态分布，表格中直径分布的卡方检验结果针对的是 Weibull 分布函数，N 表示正态分布曲线，J 表示反"J"形曲线，NN 表示近似正态分布的曲线，AP 表示基本通过。

242.5 和 242.5)，这些特大值可能会对检验结果产生影响。

在研究各亚层林木高径比分布规律时，由于第 I、II 亚层林木相对较少，可能会对研究结果产生影响，本研究尝试将相对位置较近、树种组成类似的 2 和 3 号样地、4 和 5 号样地合成 2 个新的样地，用以分析第 I、II 亚层林木高径比分布，结果表明新样地第 I、II 亚层林木高径比分布规律与原样地的一致。各林层林木高径比分布均呈正态分布是否为中亚热带天然阔叶林所独有，还有待进一步研究。

本研究各林层林木高径比分布拟合图显示，各林层具有较大高径比的林木位于各林层曲线的右端，虽然这部分林木的株数很少，但在研究区近自然经营中(特别是目标树的选择)可能要特别关注。其原因是这部分林木的高径比较大，其枝下高和无节材的出材率可能更高，林木干形质量也可能更好。此外，本研究中的各林层林木分布拟合图显示，全林分有超过一半林木的高径比大于 100，若参照目前人工林林木高径比研究中较为一致的结论(林木高径比大于 100 的林木表明稳定性较差)(Wonn et al.，2001；Slodicak et al.，2006；Kontogianni et al.，2011)，则会认为本研究林分的稳定性相对较差，但实际上本研究林分的稳定性不差，可能原因是不同亚层的林木互相支持和遮挡，最终使林分整体保持稳定。

4.6　小　结

中亚热带天然阔叶林各林层林木高径比分布均呈正态分布；正态分布函数对各林层林木高径比分布的拟合效果好，均优于 Weibull 分布函数的拟合效果；各林层林木高径比分布均为右偏，全林与第Ⅰ亚层林木高径比分布相对较为分散，第Ⅱ亚层与第Ⅲ亚层（非受光层）以及受光层相对较为集中；中亚热带天然阔叶林林木高径比分布与直径分布有明显不同之处，全林和第Ⅲ亚层林木高径比分布呈正态分布，而全林和第Ⅲ亚层直径分布呈反"J"形分布。

第5章　各林层林木高径比与
胸径及树高的关系

本章研究内容包括各林层林木高径比与胸径及树高的相关性和各林层林木高径比与胸径的关系曲线。

5.1　数据整理

数据整理同第3章。

5.2　研究方法

研究方法包括采用 Spearman 秩相关系数分析各林层(包括全林、受光层、非受光层、第Ⅰ亚层、第Ⅱ亚层和第Ⅲ亚层)林木高径比与胸径及树高的相关性,运用指数函数、双曲线函数、幂函数等基础模型拟合林木高径比与胸径关系(经过多模型优选后,选用指数函数和双曲线函数),选用均方根误差($RMSE$)、决定系数(R^2)和平均绝对误差(AMR)等作为模型评价指标。

(1) Spearman 秩相关系数

具体公式如下:

$$\rho = \frac{\sum_{i=1}^{N} (u_i - \bar{u})(y_i - \bar{y})}{\sqrt{\sum_{i=1}^{N} (u_i - \bar{u})^2 \sum_{i=1}^{N} (y_i - \bar{y})^2}} \qquad (5\text{-}1)$$

式中：ρ 表示 Spearman 秩相关系数；N 表示样本数量；u_i 表示变量 U 中第 i 个数值的大小在 U 中的排行；y_i 表示变量 Y 中第 i 个数值的大小在 Y 中的排行；$\bar{u}$ 表示 u_i 的平均值；$\bar{y}$ 表示 y_i 的平均值。

将 ρ 的绝对值同 Spearman 秩相关系数统计表中的临界值 $W_{0.05}$ 和 $W_{0.01}$ 进行比较，若 ρ 的绝对值大于 $W_{0.01}$，则表明两个变量有极显著相关，若 ρ 的绝对值介于 $W_{0.05}$ 和 $W_{0.01}$ 之间，则表明两个变量有显著相关，若 ρ 的绝对值小于 $W_{0.05}$，则表明两个变量没有显著相关。

（2）指数函数、双曲线函数和幂函数

具体表达式依次如下：

$$y = ae^{bx} \qquad (5\text{-}2)$$

$$y = a + \frac{b}{x} \qquad (5\text{-}3)$$

$$y = ax^b \qquad (5\text{-}4)$$

式中：y 表示高径比的大小，x 表示胸径大小；a 和 b 是该模型的参数，式(4-2)中 b 表示林木高径比在连续的径阶中减小的速率，式(4-3)中 a 表示双曲线函数的上下限（$b>0$ 时，a 为下限；$b<0$ 时，a 为上限）。

（3）模型评价指标

选用均方根误差（$RMSE$）、决定系数（R^2）和平均绝对误差（AMR）等作为模型评价指标，其计算公式如下：

$$RMSE = \sqrt{\sum_{i=1}^{n} \frac{(\hat{y}_i - y_i)^2}{n-k}} \tag{5-5}$$

$$R^2 = 1 - \frac{\sum\limits_{i=1}^{n} (y_i - \hat{y}_i)^2}{\sum\limits_{i=1}^{n} (y_i - \bar{y}_i)^2} \tag{5-6}$$

$$AMR = \sum_{i=1}^{n} \left| \frac{y_i - \hat{y}_i}{n} \right| \tag{5-7}$$

式中：$\hat{y}_i$ 表示高径比模型估计值；y_i 表示高径比实际值；k 表示模型参数数量；$\bar{y}_i$ 表示高径比实际均值；n 表示林木株数。

选择 $RMSE$ 和 AMR 较小、R^2 较高的模型作为最终模型。

5.3　各林层林木高径比与胸径及树高的相关性

典型中亚热带天然阔叶林（1~5 号样地）各林层林木高径比与胸径及树高关系的散点图如图 5-1 和图 5-2 所示，从散点图可以直观看出：各样地各林层林木高径比与胸径都呈现明显的负相关；各样地各林层林木高径比与树高的关系较为复杂，全林的关系呈现较为明显的负相关，但各亚层的关系不易判断。进一步的相关性分析结果（表 5-1）表明：各样地各林层林木高径比与胸径均呈现极显著负相关且相关系数都较高，相关系数绝对值第 I 亚层（0.896~0.961）、第 II 亚层（0.912~0.971）和受光层（0.896~0.936）较高，全林（0.613~0.749）居中，第 III 亚层（0.415~0.596）较低；各样地各林层林木高径比

表 5-1　各林层林木高径比与胸径及树高的相关性

Tab. 5-1　Correlation of tree height-to-diameter ratio in each stratum with DBH and tree height

样地号	高径比与胸径的相关系数					高径比与树高的相关系数				
	S	I	II	L	III(NL)	S	I	II	L	III(NL)
1	−0.613**	−0.961**	−0.912**	−0.896**	−0.436**	−0.283**	−0.286	−0.169	−0.506**	0.208*
2	−0.749**	−0.958**	−0.953**	−0.919**	−0.596**	−0.456**	−0.311	−0.408**	−0.594**	−0.020
3	−0.742**	−0.896**	−0.942**	−0.903**	−0.560**	−0.458**	−0.051	−0.211	−0.378**	−0.046
4	−0.729**	−0.957**	−0.971**	−0.936**	−0.560**	−0.431**	−0.310*	0.119	−0.432**	−0.022
5	−0.657**	−0.928**	−0.923**	−0.905**	−0.415**	−0.330**	−0.262	−0.480**	−0.544**	0.233**
6	−0.843**	—	−0.925**	−0.925**	−0.588**	−0.604**	—	−0.138	−0.138	0.023
7	−0.741**	—	−0.849**	−0.849**	−0.484**	−0.451**	—	−0.028	−0.028	0.072
8	−0.503**	—	−0.824**	−0.824**	−0.308**	−0.192*	—	−0.394*	−0.394*	0.192

注：S 表示全林分，I 表示第 I 亚层，II 表示第 II 亚层，III 表示第 III 亚层，L 表示受光层（包括第 I 亚层和第 II 亚层），NL 表示非受光层。*表示高径比与胸高或与树高有显著相关，**表示高径比与胸径或与树高有极显著相关。

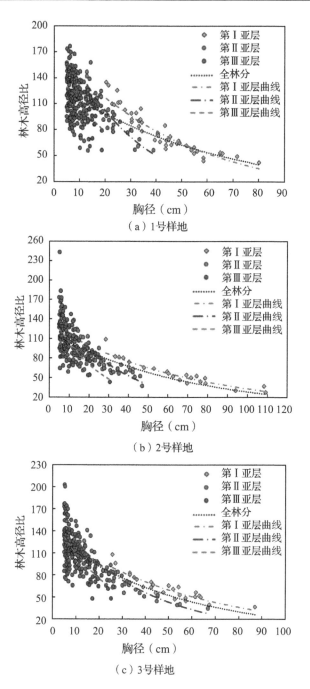

图 5-1　典型林分各林层林木高径比与胸径的散点图及关系曲线图

Fig. 5-1　Scatter diagram and fitting curve of *HDR* and *DBH* in each stratum in typical stand

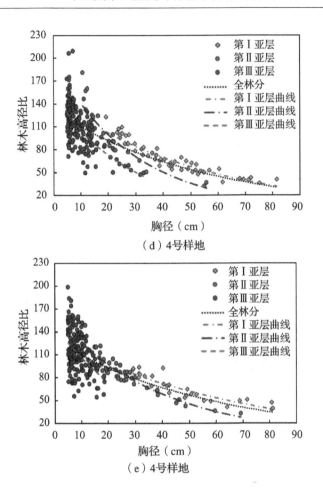

（d）4号样地

（e）4号样地

图 5-1　典型林分各林层林木高径比与胸径的散点图及关系曲线图（续）

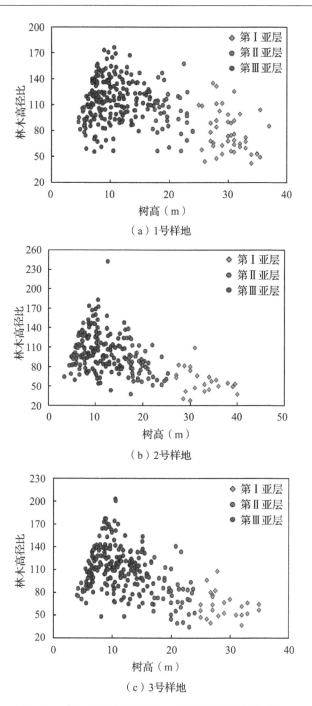

图 5-2　典型林分各林层林木高径比与树高散点图

Fig. 5-2　Scatter diagram of *HDR* and tree height in each stratum in typical stand

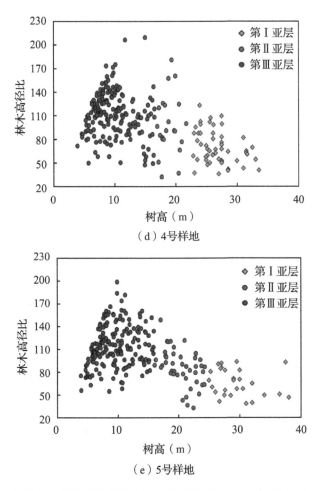

（d）4号样地

（e）5号样地

扫查彩图

图 5-2　典型林分各林层林木高径比与树高散点图（续）

与树高的关系较为复杂且相关系数绝对值都较低(0.020~0.480)，全林呈现极显著负相关，第Ⅰ亚层4个样地呈现无显著负相关、1个样地呈现显著负相关，第Ⅱ亚层2个样地呈现极显著负相关、2个样地呈现无显著负相关、1个样地呈现无显著正相关，受光层5个样地呈现极显著负相关，第Ⅲ亚层2个样地呈现极显著正相关、3个样地呈现无显著负相关。以上研究结果表明，同一亚层的林木高径比也会因胸径不同而变化；各林层林木高径比与胸径关系曲线拟合是有意义且必要的，但各林层林木高径比与树高关系曲线拟合是没有意义的；典型中亚热带天然阔叶林林木高径比特征可以采用各林层林木高径比与胸径的关系曲线来表达。

次典型中亚热带天然阔叶林各林层林木高径比与胸径及树高的关系与典型中亚热带天然阔叶林一致。次典型中亚热带天然阔叶林(6~8号样地)各林层林木高径比与胸径及树高的散点图分别如图5-3和图5-4所示，次典型中亚热带天然阔叶林全林分、受光层和非受光层林木高径比与胸径均呈现明显的负相关；各林层林木高径比与树高的关系较为复杂，全林分的关系呈现较为明显的负相关，但受光层和非受光层的关系不易判断。各林层林木高径比与胸径及树高的相关性结果见表5-1，次典型中亚热带天然阔叶林各林层林木高径比与胸径呈现极显著负相关且相关系数较高，相关系数绝对值由高到低排序依次为：受光层(0.824~0.925)>全林分(0.503~0.843)>非受光层(0.308~0.588)；次典型中亚热带天然阔叶林各林层林木高径比与树高的关系较为复杂且相关系数绝对值相对较低，全林分呈现极显著负相关(相关系数绝对值为0.192~0.604)，受光层2个样地呈现无显著负相关、1个样地呈现显著负相关(相

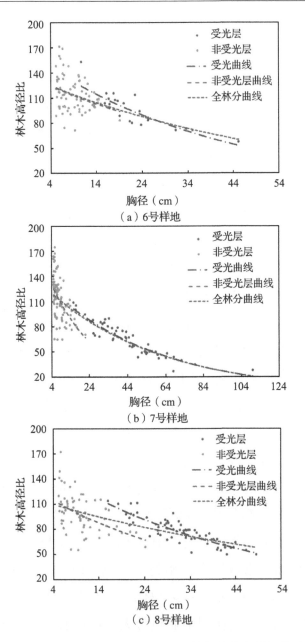

图 5-3　次典型林分各林层林木高径比与胸径的散点图及关系曲线图
Fig. 5-3　Scatter diagram and fitting curve of height to diameter
ratio and *DBH* in each stratum in subtypical stand

扫查彩图

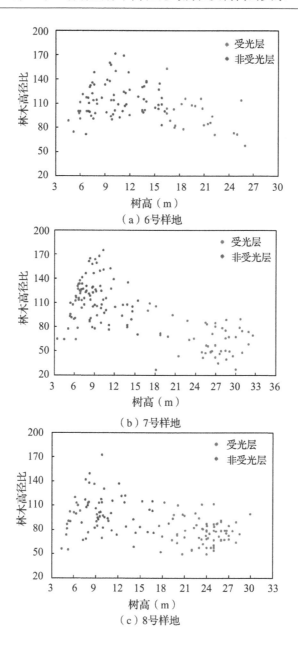

图 5-4　次典型林分各林层林木高径比与树高散点图
Fig. 5-4　Scatter diagram of height to diameter ratio and
tree height in each stratum in subtypical stand

扫查彩图

关系数绝对值为 0.394），非受光层 3 个样地呈现无显著正相关；各林层林木高径比特征可以采用各林层林木高径比与胸径的关系曲线来表达。

5.4　各林层林木高径比与胸径关系曲线

采用式(5-2)和式(5-3)拟合典型中亚热带天然阔叶林各林层林木高径比与胸径关系曲线，具体参数值和评价指标结果见表 5-2，采用指数函数能很好地描述第 I 亚层、第 II 亚层和受光层林木高径比与胸径关系曲线，R^2 分别为 0.852～0.906、0.830～0.914 和 0.749～0.835；而拟合全林分和第 III 亚层的 R^2 明显偏小，其中全林分（0.465～0.575）高于第 III 亚层（0.202～0.399）。采用双曲线函数拟合第 I 亚层、第 II 亚层和受光层林木高径比与胸径关系曲线的效果也很好，R^2 分别为 0.874～0.937、0.856～0.968 和 0.781～0.894；而拟合全林分和第 III 亚层的 R^2 也明显偏小，其中全林分（0.387～0.536）高于第 III 亚层（0.186～0.350）。采用上述 2 个模型拟合第 I 亚层、第 II 亚层和受光层林木高径比与胸径关系曲线时的 R^2 均明显高于第 III 亚层，其原因是林木高径比在第 III 亚层时比在第 I 亚层、第 II 亚层和受光层时受到更多因素的影响，比如竞争因素对第 III 亚层林木高径比可能有较大影响（相对于第 I、II 亚层和受光层）。对比 2 个模型对典型林分各林层的拟合效果可知，指数函数在拟合全林分和第 III 亚层时的 R^2 相对较高，$RMSE$ 和 AMR 相对较小，而双曲线函数在拟合第 I 亚层、第 II 亚层和受光层时的 R^2 相对较高，$RMSE$ 和 AMR 相对较小。因此，选用指数函数描述全林分和第 III 亚层林木高径比—胸径关系，选用双曲线函数描述第Ⅰ亚层、第Ⅱ亚层和受光层林木高径比—胸径关系，关系曲线拟合结果如图 5-1 所示。

次典型中亚热带天然阔叶林各林层林木高径比与胸径的关系曲线与典型中亚热带天然阔叶林基本一致。采用式(5-2)和式(5-3)拟合次典型中亚热带天然阔叶林各林层林木高径比与胸径关系曲线，具体参数值和评价指标结果见表 5-2，由表 5-2 可知，指数函数和双曲线函数拟合次典型中亚热带天然阔叶林受光层林木高径比与胸径关系的效果较好(R^2 分别为 0.757 ~ 0.870 和 0.727 ~ 0.832)，而拟合其全林分(R^2 分别为 0.346 ~ 0.696 和 0.269 ~ 0.666)和非受光层(R^2 分别为 0.121 ~ 0.312 和 0.115 ~ 0.321)的效果相对较差。这与典型中亚热带天然阔叶林一致。对比 2 个模型对次典型林分各林层的拟合效果可知，指数函数在拟合受光层(除 6 号样地外)和全林分时的 R^2 相对较高，$RMSE$ 和 AMR 相对较小，而双曲线函数在拟合其非受光层(除 8 号样地外)时的 R^2 相对较高，$RMSE$ 和 AMR 相对较小。这与典型中亚热带天然阔叶林略有区别。因此，选用指数函数描述其受光层、全林分林木高径比与胸径关系，选用双曲线函数描述非受光层，关系曲线拟合结果如图 5-3 所示。

5.5　讨　论

在研究各亚层林木高径比与胸径关系曲线时，由于第Ⅰ、Ⅱ亚层林木相对较少，可能会对研究结果产生影响，本研究尝试将相对位置较近、树种组成类似的 2 和 3 号样地、4 和 5 号样地合成 2 个新的样地，用以分析第Ⅰ、Ⅱ亚层林木高径比与胸径关系，结果表明新样地第Ⅰ、Ⅱ亚层林木高径比与胸径关系特征与原样地的一致。

本研究结果表明，典型中亚热带天然阔叶林各林层林木高径比与胸径均呈现极显著负相关，这与其他学者对人工针叶林全林林木高径比(Oyebade et al.，2015；Zhang et al.，2020)和天然针叶林全林林木高径比(王彩云等，1987)的研究结论基本一致，也与其他学者对天然针阔混交林主要树种的林木高径比研究结论基本一致(Wang et al.，1998)。典型中亚热带天然阔叶林各林层林木高径比与树高的关系较为复杂且相关系数绝对值都较低(即相关性不高)，这与其他学者对人工针叶林林木高径比的研究结论基本一致(Oyebade et al.，2015)，也与其他学者对天然针阔混交林主要树种的林木高径比研究结论基本一致(Wang et al.，1998)。目前对人工针叶林全林林木高径比与树高关系的研究有正相关(Oyebade et al.，2015)，对天然针阔混交林主要树种的林木高径比与树高关系的研究有负相关(Wang et al.，1998)，而本研究各亚层林木高径比与树高的关系较为复杂，有负相关，也有正相关，有不显著相关、显著相关，也有极显著相关，这种林木高径比与树高关系的复杂性是否正是典型天然阔叶林所特有的特征有待进一步深入研究。

本研究结果表明，次典型中亚热带天然阔叶林各林层林木高径比与胸径均呈现极显著负相关，这与典型中亚热带天然阔叶林一致。这也与其他学者对人工针叶林(Oyebade et al.，2015；Zhang et al.，2020)、天然针叶林(王彩云等，1987)的研究结论一致，还与其他学者针对天然针阔混交林主要树种(Wang et al.，1998)和典型中亚热带天然阔叶林主要树种的研究结论基本一致。

本研究结果表明，次典型中亚热带天然阔叶林各林层林木高径比与树高关系的相关系数绝对值较低(即相关性不高)，

表 5-2 各方程参数结果和评价指标

Tab. 5-2 Parameters and evaluation indicators ofeach equation

样地号	层属	指数函数					双曲线函数				
		参数		评价指标			参数		评价指标		
		a	b	R^2	RMSE	AMR	a	b	R^2	RMSE	AMR
1	S	135.6	−0.015 6	0.465	20.60	16.08	75.42	326.7	0.387	22.06	18.07
	I	196.1	−0.022 8	0.906	7.48	5.91	12.11	2 508.7	0.930	6.46	4.68
	II	221.6	−0.038 5	0.830	9.79	8.06	18.15	1 622.2	0.856	9.01	7.12
	L	160.4	−0.019 5	0.777	12.54	9.65	36.50	1 380.2	0.781	12.42	9.65
	III (NL)	154.9	−0.033 1	0.217	21.95	17.94	81.27	276.1	0.201	22.17	18.07
2	S	132.8	−0.019 7	0.514	22.24	16.94	58.81	411.2	0.511	22.30	17.04
	I	139.0	−0.014 8	0.893	6.38	4.33	11.27	2 553.8	0.924	5.35	4.31
	II	185.0	−0.032 7	0.878	7.90	6.39	18.61	1 484.1	0.914	6.62	5.11
	L	131.2	−0.016 7	0.749	12.13	9.85	28.70	1 311.4	0.859	9.07	6.78
	III (NL)	157.1	−0.039 6	0.356	23.75	17.84	62.37	377.2	0.341	24.04	18.26
3	S	142.4	−0.022 1	0.575	21.02	15.80	61.48	418.6	0.536	21.97	17.45
	I	155.0	−0.019 1	0.862	6.45	5.23	10.83	2 354.9	0.909	5.25	4.18
	II	193.0	−0.032 9	0.875	8.95	6.82	10.11	1 760.3	0.916	7.34	5.77
	L	148.6	−0.020 9	0.768	11.27	8.87	22.80	1 533.5	0.844	9.26	7.50
	III (NL)	160.0	−0.036 6	0.359	22.23	16.99	71.59	344.4	0.326	22.79	17.94

（续）

样地号	层属	指数函数					双曲线函数				
		参数		评价指标			参数		评价指标		
		a	b	R^2	RMSE	AMR	a	b	R^2	RMSE	AMR
4	S	138.3	−0.019 9	0.568	21.41	15.83	61.83	406.5	0.504	22.93	17.75
	I	167.8	−0.021 9	0.905	6.63	5.48	11.20	2 203.9	0.937	5.39	4.38
	II	280.4	−0.051 9	0.914	11.35	9.40	0.51	1 879.3	0.968	6.88	5.63
	L	177.2	−0.024 5	0.835	12.25	8.93	23.20	1 609.7	0.894	9.83	7.88
	III (NL)	158.1	−0.037 9	0.399	21.83	16.35	65.24	372.4	0.350	22.72	17.68
5	S	135.3	−0.018 3	0.488	22.21	17.05	66.58	363.9	0.428	23.46	18.57
	I	145.7	−0.017 1	0.852	7.00	5.12	12.28	2 351.2	0.874	6.46	4.46
	II	175.9	−0.028 6	0.890	7.99	6.31	21.07	1 502.1	0.897	7.75	6.20
	L	145.8	−0.019 2	0.828	9.89	7.94	30.10	1 362.5	0.846	9.36	7.29
	III (NL)	152.7	−0.034 1	0.202	24.70	19.72	77.25	284.6	0.186	24.94	19.93
6	S	133.4	−0.018 0	0.696	18.53	13.24	54.53	425.0	0.666	19.43	15.08
	L	139.7	−0.018 1	0.870	7.21	5.59	25.57	1 495.9	0.779	9.42	7.73
	NL	157.9	−0.040 7	0.312	21.06	15.51	67.79	334.7	0.321	20.91	15.51
7	S	118.4	−0.014 6	0.498	15.76	11.50	66.21	301.5	0.451	16.48	12.55
	L	162.0	−0.023 7	0.757	7.51	5.53	26.15	1 540.2	0.727	7.96	6.26
	NL	132.4	−0.028 7	0.247	19.83	14.62	67.25	285.0	0.260	19.67	14.82

（续）

样地号	层属	指数函数					双曲线函数				
		参数		评价指标			参数		评价指标		
		a	b	R^2	RMSE	AMR	a	b	R^2	RMSE	AMR
8	S	136.1	-0.017 9	0.346	18.00	13.63	84.06	247.7	0.269	19.03	14.81
	L	179.0	-0.029 1	0.760	10.34	7.73	33.59	1 258.9	0.832	8.64	6.43
	NL	137.9	-0.020 0	0.121	19.38	15.02	92.62	181.0	0.115	19.45	15.01

注：S 表示全林分，Ⅰ表示第Ⅰ亚层，Ⅱ表示第Ⅱ亚层，Ⅲ表示第Ⅲ亚层，L 表示受光层，NL 表示非受光层。

这与典型中亚热带天然阔叶林的研究结论基本一致。

这也对典型中亚热带天然阔叶林主要树种、天然针阔混交林主要树种(Wang et al.，1998)和人工针叶林(Oyebade et al.，2015)的研究结论基本一致。目前对于林木高径比与树高的相关性，人工针叶林的研究有正相关(Oyebade et al.，2015)，天然针阔混交林主要树种的研究有负相关(Wang et al.，1998)，而本研究和典型中亚热带天然阔叶林的研究均有负相关、正相关、不显著相关和极显著相关，均较为复杂，其原因有待进一步研究。

本研究结果显示，7号样地和8号样地受光层林木高径比与胸径的相关系数绝对值(0.757和0.760)低于6号样地受光层(0.870)，原因可能是与200多年格氏栲单优群落(6号样地)相比，7号样地(55年生)和8号(30多年生)样地年龄相对较小，林木竞争相对较为激烈，林木高径比与胸径的关系相对较容易受到竞争的影响，因此相关系数绝对值较低。

5.6　小　结

中亚热带天然阔叶林各林层林木高径比与胸径均呈现极显著负相关且相关系数都较高(其中第Ⅲ亚层相关系数相对较低)，其关系曲线拟合是有意义且必要的，双曲线函数能很好地描述第Ⅰ亚层、第Ⅱ亚层和受光层的关系曲线，指数函数更适合描述全林分和第Ⅲ亚层的关系曲线；各林层林木高径比与树高的关系较为复杂且相关系数都较低，其关系曲线拟合是没有意义的；中亚热带天然阔叶林林木高径比特征需要且可以采用各林层林木高径比与胸径的关系曲线来表达。

第6章 树种(种群)水平林木 高径比特征

第3章至第5章研究了中亚热带天然阔叶林林分水平的林木高径比特征,本章研究中亚热带天然阔叶林树种(种群)水平的林木高径比特征,研究内容包括主要树种林木高径比现实数值状态和主要树种林木高径比与胸径及树高关系。

6.1 数据整理

为了研究树种(种群)水平的中亚热带天然阔叶林林木高径比特征,将5个样地林木高径比数据进行合并,将第Ⅲ亚层株数超过30株的树种作为主要树种进行研究。本研究主要树种有14种,包括3个亚层均有分布的木荷(*Schima superba*)、浙江桂(*Cinnamomum chekiangense*)、米槠(*Castanopsis carlesii*),只分布在2个亚层(第Ⅱ和第Ⅲ亚层)的猴欢喜(*Sloanea sinensis*)、尖叶水丝梨(*Sycopsis dunnii*)、光叶山矾(*Symplocos lancifolia*)、三花冬青(*Ilex triflora*),只分布在1个亚层(第Ⅲ亚层)的庆元冬青(*Ilex qingyuanensis*)、新木姜子(*Neolitsea aurata*)、桂北木姜子(*Litsea subcoriacea*)、山黄皮(*Randia cochinchinensis*)、福建山矾(*Symplocos fukienensis*)、山杜英(*Elaeocarpus sylvestris*)、红皮树(*Styrax suberifolius*)。

6.2　研究方法

　　主要树种林木高径比与胸径及树高关系的研究方法同第五章。不同树种林木高径比的差异显著性检验采用 Kruskal‑Wallis 非参数检验方法。

　　由于方差分析的假定得不到满足，本章采用 Kruskal‑Wallis 非参数检验方法分析不同树种林木高径比的差异显著性。Kruskal‑Wallis 检验是用来确定多个独立总体大小关系的非参数方法，待检验总体的大小可能相同也可能不同。Kruskal‑Wallis 检验的计算基于秩数据，故要求数据至少达到顺序测量水平。在检验若干总体大小关系时，Kruskal‑Wallis 检验不对这些总体间大小次序作任何假定，因此它有唯一的原假设和对立假设，即 H_0：若干样本来自大小没有明显差异的总体；H_1：若干样本来自大小有明显差异的总体。值得说明的是，在所有检验对象中，只要有一对总体之间存在显著差异，上述对立假设就成立。

　　Kruskal‑Wallis 检验的原理是在对总体求秩的基础上根据不同样本的秩和是否有差别进行判断。对于来自 k 个总体的 k 个样本，Kruskal‑Wallis 检验首先将样本量分别为 $n_1 \cdots n_k$ 的 k 个样本放在一起求秩，对第 i 个样本的第 j 个观测值 x_{ij} 的秩记为 R_{ij}，$i = 1 \cdots k$，$j = 1 \cdots n_i$，将第 i 个样本的秩和记为 $R_i = \sum\limits_{j=1}^{n_i} R_{ij}$，$i = 1 \cdots k$，统计量的计算如下。

$$H = \frac{12}{N(N+1)} \sum_{i}^{k} \frac{R_i^2}{n_i} - 3(N+1) \tag{6-1}$$

式中：N 表示 k 个样本的总样本量，即 $N = \sum_{i=1}^{k} n_i$。

若出现两个或多个数据同分时，则取其平均秩。若同分观测高到总样本量的 25% 以上，则需进行同分效应的校正。具体校正方法如下。对于每次涉及 t 个观测数据的 r 次同分，$T_i = t^3 - t$，$i = 1\cdots r$，所有同分 $T_i = \sum_{i=1}^{r} T_i$，同分校正因子计算如下：

$$F_{it} = 1 - \frac{T}{N^3 - N} \tag{6-2}$$

利用同分校正因子校正后的检验统计量为：

$$H' = \frac{H}{F_t} \tag{6-3}$$

检验统计量 H(或校正后的 H')的显著性检验方法与样本量有关。在所有样本量均大于 5 时，原假设成立条件下 H 的相伴概率遵从自由度为 $k-1$ 的卡方分布，因此可以直接从卡方分布表中查得检验的临界值；若 $H > \chi^2_{a[k-1]}$ 或 $H' > \chi^2_{a[k-1]}$ 时，可以拒绝 H_0，认为 k 个总体大小有明显差异。当样本量小于或等于 5 时，可直接从 Kruskal-Wallis 检验临界值表中查得检验临界值作为显著性检验的判据。

6.3　主要树种林木高径比的现实数值状态

中亚热带天然阔叶林主要树种各林层林木高径比的平均值及差异性结果见表 6-1。主要树种各林层林木高径比平均值

表 6-1　主要树种各林层林木高径比的平均值及差异性

Tab. 6-1　The average and difference of *HDR* of main tree species in each storey

树种	林层	株数	林木高径比					胸径分布范围 (cm)
			分布范围	平均值	标准差	变异系数(%)		
木荷－Ⅰ (*Schima superba*)	S	145	32.5~164.3	93.1	35.6	38.3		5.0~81.5
	Ⅰ	54	35.9~135.0	62.0A	21	33.8		20.3~81.5
	Ⅱ	19	32.5~146.6	93.9B	30.0	31.9		12.8~69.2
	L	73	32.5~146.6	73.1D	26.4	36.1		12.8~81.5
	Ⅲ(NL)	72	55.7~164.3	116.2C	27.1	23.3		5.0~18.7
浙江桂－Ⅰ (*Cinnamomum chekiangense*)	S	61	36.1~184.1	81.4	29.7	36.5		5.1~60.2
	Ⅰ	35	50.2~101.8	72.4Aa	15.0	20.8		24.3~60.2
	Ⅱ	15	36.1~181.1	77.3Ba	35.3	45.7		10.7~59.6
	L	50	36.1~181.1	74.9D	23.0	30.7		10.7~60.2
	Ⅲ(NL)	11	62.5~184.1	115.5Bb	32.6	28.2		5.1~17.6
米槠－Ⅰ (*Castanopsis carlesii*)	S	47	39.0~181.3	104.8	41.2	39.3		5.0~80.1
	Ⅰ	10	41.6~110.1	64.7Aa	18.8	29		22.7~80.1
	Ⅱ	7	39.0~122.2	80.3Aa	25.5	31.8		14.4~53.9
	L	17	39.0~122.2	74.8D	17.0	22.7		14.4~80.1
	Ⅲ(NL)	30	43.5~181.3	123.9B	36.7	29.6		5.0~30.6

（续）

树种	林层	株数	林木高径比				胸径分布范围 (cm)
			分布范围	平均值	标准差	变异系数(%)	
猴欢喜-I (Sloanea sinensis)	S	111	54.2~165.7	97.4	23.2	23.8	5.1~35.9
	II(L)	22	58.6~138.2	86.7A	21.8	25.1	12.3~35.9
	III(NL)	89	54.2~165.7	100.1B	22.7	22.7	5.1~26.1
尖叶水丝梨-I (Sycopsis dunnii)	S	99	69.9~198.8	129.8	24.5	18.9	5.0~25.2
	II(L)	8	84.5~148.4	109.9a	19.3	17.5	11.5~25.2
	III(NL)	91	69.9~198.8	131.5b	24.1	18.4	5.0~16.6
光叶山矾-I (Symplocos lancifolia)	S	61	54.6~169.2	110.1	21.7	19.7	5.0~23.3
	II(L)	11	82.0~118.1	99.7a	12.2	12.3	15.8~23.3
	III(NL)	50	54.6~169.2	112.4b	22.7	20.2	5.0~20.3
三花冬青-I (Ilex triflora)	S	51	58.0~163.7	108.9	22.9	21.0	5.0~28.0
	II(L)	10	69.3~126.2	94.0A	14.7	15.6	13.6~28.0
	III(NL)	41	58.0~163.7	112.6B	23.1	20.5	5.0~26.1
木荷-II (Schima superba)	S	23	57.5~139.0	103.3	23.2	22.5	6.0~45.2
	II(L)	11	57.5~115.7	86.6A	18.3	21.1	15.9~45.2
	III(NL)	12	98.8~139.0	118.7B	13.6	11.5	6.0~14.6

（续）

树种	林层	株数	林木高径比				胸径分布范围（cm）
			分布范围	平均值	标准差	变异系数（%）	
格氏栲-II（Castanopsis kawakamii）	S	47	26.7~148.9	69.8	28.8	41.3	5.0~110.0
	II（L）	39	26.7~109.0	60.5A	18.9	31.2	15.8~110
	III（NL）	8	78.3~148.9	115.0B	25.8	22.4	5.0~17.0
米槠-II（Castanopsis carlesii）	S	76	49.2~141.5	81.0	19.6	24.2	5.2~48.6
	II（L）	61	49.2~113.5	75.7A	14.8	19.6	16.1~48.6
	III（NL）	15	73.0~141.5	102.6B	21.9	21.3	5.2~22.2
庆元冬青-I（Ilex qingyuanensis）	III（NL）	41	73.1~139.3	106.3	18.6	17.5	5.1~19.8
新木姜子-I（Neolitsea aurata）	III（NL）	39	61.4~170.2	116.3	20.6	17.7	5.2~24.2
桂北木姜子-I（Litsea subcoriacea）	III（NL）	37	65.7~202.9	126.7	31.9	25.2	5.0~19.8
山黄皮-I（Randia cochinchinensis）	III（NL）	38	61.5~155.2	99.0	22.0	22.3	5.2~18.9
福建山矾-I（Symplocos fukienensis）	III（NL）	33	59.5~161.5	110.3	24.5	22.2	5.0~16.4
山杜英-I（Elaeocarpus sylvestris）	III（NL）	31	47.3~209.0	110.0	39.2	35.6	5.4~31.7
红皮树-I（Styrax suberifolius）	III（NL）	27	70.6~176.0	125.0	24.9	19.9	5.0~18.9

注：S 表示全林，I 表示第 I 亚层，II 表示第 II 亚层，III 表示第 III 亚层，L 表示受光层（包括第 I 亚层和第 II 亚层），NL 表示非受光层（第 III 亚层），表中"-I"和"-II"分别表示该树种源于典型林分和次典型林分；不同大写字母代表同一树种内各亚层间在 0.01 水平上差异显著，不同小写字母代表同一树种内各亚层间在 0.05 水平上差异显著。

(分布范围),第Ⅰ亚层为 66.4(35.9~135.0),第Ⅱ亚层为 91.7(26.7~181.1),受光层为 83.6(26.7~181.1),第Ⅲ亚层为 120.7(43.5~209.0),全林为 111.6(26.7~209.0);各林层林木高径比变异系数平均值(分布范围),第Ⅰ亚层为 27.9%(20.8%~33.8%),第Ⅱ亚层为 25.7%(12.3%~45.7%),受光层为 23.2%(12.3%~45.7%),第Ⅲ亚层为 22.3%(11.5%~35.6%),全林为 26.3%(11.5%~39.3%),其中,3 个亚层均有分布的树种全林的林木高径比变异系数平均值为 38.0%(36.5%~39.3%)、只分布在 2 个亚层的树种全林的林木高径比变异系数平均值为 20.9%(18.9%~23.8%)和只分布在 1 个亚层的树种全林的林木高径比变异系数平均值为 22.9%(17.5%~35.6%)。主要树种各林层林木高径比平均值、最大值随亚层升高而明显减小。主要树种林木高径比平均值在各亚层之间总体上均有显著差异($P<0.05$)或极显著差异($P<0.01$),除浙江桂和米槠第Ⅰ亚层与第Ⅱ亚层之间的林木高径比平均值无显著差异外,其他 8 种树种(木荷-Ⅰ、猴欢喜、尖叶水丝梨、光叶山矾、三花冬青、木荷-Ⅱ、格氏栲-Ⅱ、米槠-Ⅱ)各亚层之间均有显著差异($P<0.05$)或极显著差异($P<0.01$)。

6.4　主要树种林木高径比与胸径及树高关系

典型林分主要树种各林层林木高径比与胸径、树高的相关性散点图分别如图 6-1 和图 6-2 所示,主要树种各林层林木高径比与胸径、树高的相关性结果见表 6-2。从图 6-1 可以看出,主要树种各林层林木高径比与胸径总体上均呈现极显著负相关($P<0.01$)且相关系数较高,其中,第Ⅰ、Ⅱ亚层的相关系数

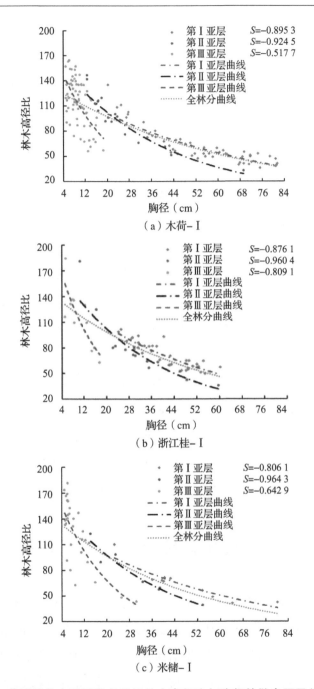

图 6-1　典型林分主要树种各林层林木高径比与胸径的散点图及关系曲线
Fig. 6-1　Scatter diagram and fitting curve of *HDR* and *DBH*
of main tree species in each storey in typical stand
(*S* 表示运用 Spearman 秩相关系数计算的相关系数)

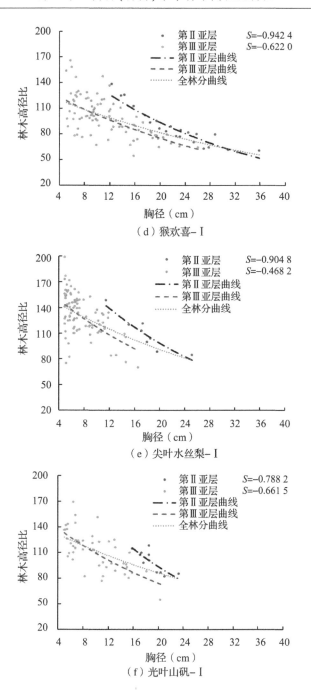

图 6-1　典型林分主要树种各林层林木高径比与胸径的散点图及关系曲线(续)

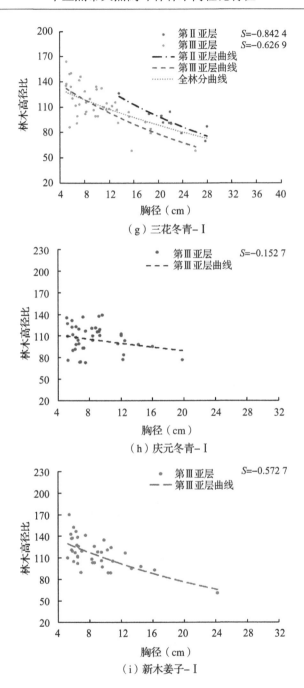

（g）三花冬青-Ⅰ

（h）庆元冬青-Ⅰ

（i）新木姜子-Ⅰ

图 6-1　典型林分主要树种各林层林木高径比与胸径的散点图及关系曲线（续）

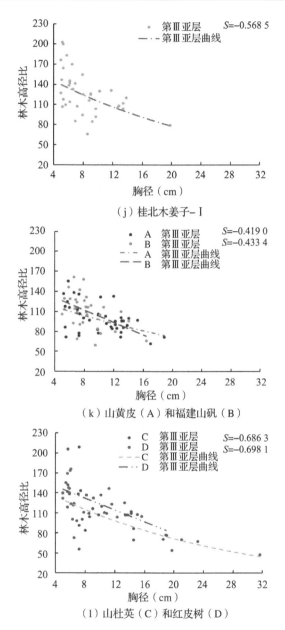

（j）桂北木姜子–Ⅰ

（k）山黄皮（A）和福建山矾（B）

（l）山杜英（C）和红皮树（D）

图 6-1 典型林分主要树种各林层林木高径比与胸径的散点图及关系曲线（续） 扫查彩图

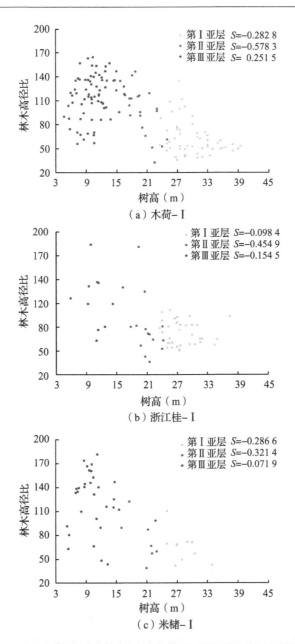

图 6-2 典型林分各主要树种各林层林木高径比与树高的散点图
Fig. 6-2 Scatter diagram of *HDR* and tree height of main tree speciesin each stratum in typical stand
（*S* 表示运用 Spearman 秩相关系数计算的相关系数）

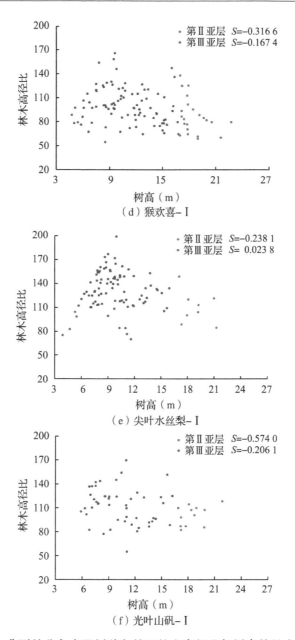

（d）猴欢喜-Ⅰ

（e）尖叶水丝梨-Ⅰ

（f）光叶山矾-Ⅰ

图 6-2　典型林分各主要树种各林层林木高径比与树高的散点图(续)

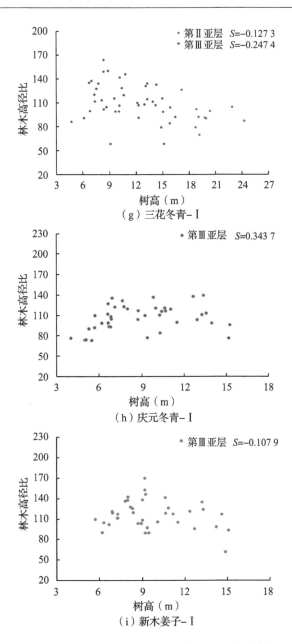

图6-2　典型林分各主要树种各林层林木高径比与树高的散点图(续)

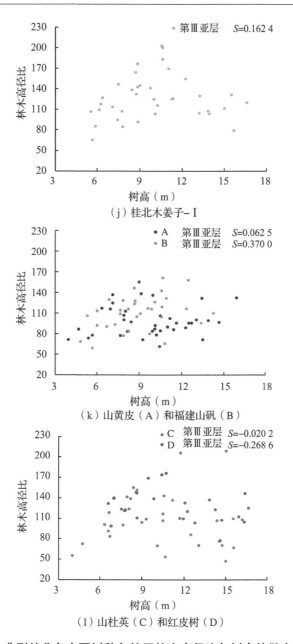

（j）桂北木姜子-Ⅰ

（k）山黄皮（A）和福建山矾（B）

（l）山杜英（C）和红皮树（D）

图6-2 典型林分各主要树种各林层林木高径比与树高的散点图（续）

扫查彩图

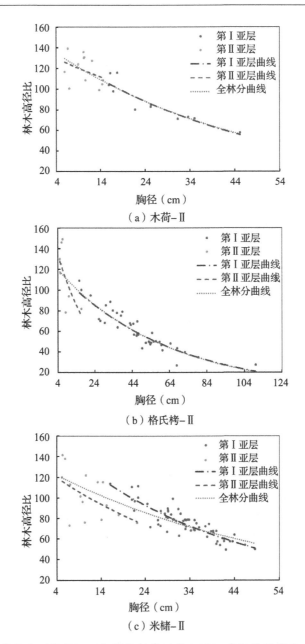

图 6-3　次典型林分主要树种各林层林木高径比与胸径的散点图及关系曲线

Fig. 6-3　Scatter diagram and fitting curve of height/ diameter ratio and *DBH* of main tree species in each storey in subtypical stand

扫查彩图

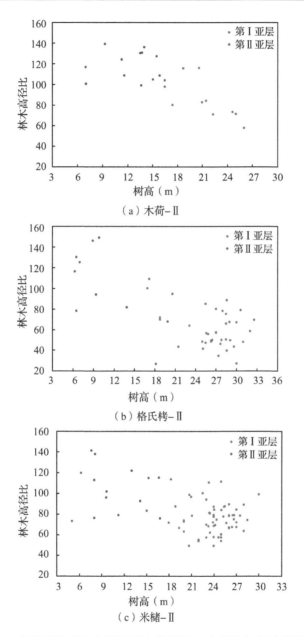

图 6-4　次典型林分各主要树种各林层林木高径比与树高的散点图
Fig. 6-4　Scatter diagram of height diameter ratio and tree height
of main tree speciesin each storey in subtypical stand

扫查彩图

明显高于全林和第Ⅲ亚层，相关系数绝对值第Ⅰ亚层为0.8061～0.8953，第Ⅱ亚层为0.7882～0.9643，第Ⅲ亚层为0.4190～0.8091[庆元冬青0.1527，为显著差异($P<0.05$)，属特例，未包括在内]，全林为0.4190～0.8489。从图6-2可以看出，主要树种各林层林木高径比与树高关系较为复杂且相关系数均较低，在31个关系中无显著负相关、无显著正相关、显著负相关($P<0.05$)、显著正相关($P<0.05$)、极显著负相关($P<0.01$)和极显著正相关($P<0.01$)的分别为17个、5个、1个、2个、6个和0个，其中显著相关($P<0.05$)和极显著相关($P<0.01$)的相关系数绝对值分别为0.2515～0.3700和0.2888～0.6284。从表6-2可以看出，主要树种(除庆元冬青外)各林层林木高径比均与胸径呈现极显著负相关($P<0.01$)关系且相关系数均较高，其关系曲线拟合是有意义且必要的；主要树种各林层林木高径比与树高的关系较为复杂且相关系数均较低，其曲线拟合是没有意义的。

次典型林分各林层主要树种林木高径比随胸径及树高的变化趋势与典型林分基本一致。次典型林分主要树种各林层林木高径比与胸径、树高的相关性散点图分别如图6-3和图6-4所示，从图可以看出，主要树种各林层林木高径比与胸径均呈明显负相关，而主要树种各林层林木高径比与树高的关系较不明显。从表6-2可知，次典型林分主要树种各林层林木高径比与胸径均呈极显著负相关(除米槠的非受光层为显著相关外)且相关系数较高，其中受光层(0.846～0.925)和全林(0.827～0.946)的相关系数相对较高，明显高于非受光层(0.399～0.524)；主要树种各林层林木高径比与树高关系复杂且相关系数较低(0.034～0.477，其中木荷的0.717和0.752为特例，

未包括在内),有不显著正相关、不显著负相关、显著负相关
和极显著负相关。

表 6-2 主要树种各林层林木高径比与胸径及树高的相关性

Tab. 6-2 Correlation of *HDR* of main tree species in each storey

with *DBH* and tree height

树种	林层	相关系数	
		高径比与胸径	高径比与树高
木荷-I (*Schima superba*)	S	−0.849**	−0.628**
	I	−0.895**	−0.283*
	II	−0.925**	−0.578**
	L	−0.927**	−0.532**
	III	−0.518**	0.252*
浙江桂-I (*Cinnamomum chekiangense*)	S	−0.845**	−0.352**
	I	−0.876**	−0.098
	II	−0.825**	−0.089
	L	−0.960**	−0.455
	III	−0.809**	−0.155
米槠-I (*Castanopsis carlesii*)	S	−0.837**	−0.568**
	I	−0.806**	−0.287
	II	−0.964**	−0.321
	L	−0.863**	−0.379*
	III	−0.643**	−0.072
猴欢喜-I (*Sloanea sinensis*)	S	−0.622**	−0.167
	II	−0.666**	−0.289**
	III	−0.942**	−0.317
尖叶水丝梨-I (*Sycopsis dunnii*)	S	−0.468**	0.024
	II	−0.510**	−0.098
	III	−0.905**	−0.238

（续）

树种	林层	相关系数	
		高径比与胸径	高径比与树高
光叶山矾-I (*Symplocos lancifolia*)	S	-0.662**	-0.206
	II	-0.658**	-0.302
	III	-0.788**	0.574
三花冬青-I (*Ilex triflora*)	S	-0.627**	-0.247
	II	-0.696**	-0.414**
	III	-0.842**	-0.127
格氏栲-II (*Castanopsis kawakamii*)	S	-0.946**	-0.477**
	II	-0.925**	-0.138
	III	-0.524*	0.108
米槠-II (*Castanopsis carlesi*)	S	-0.835**	-0.299**
	II	-0.846**	0.049
	III	-0.482*	-0.118
木荷-II (*Schima superba*)	S	-0.827**	-0.717**
	II	-0.873**	-0.752*
	III	-0.399	0.034
庆元冬青-I (*Ilex qingyuanensis*)	III	-0.153*	0.344
新木姜子-I (*Neolitsea aurata*)	III	-0.573**	-0.108
桂北木姜子-I (*Litsea subcoriacea*)	III	-0.569**	0.162
山黄皮-I (*Randia cochinchinensis*)	III	-0.419**	0.063
福建山矾-I (*Symplocos fukienensis*)	III	-0.433**	0.370*
山杜英-I (*Elaeocarpus sylvestris*)	III	-0.686**	-0.020

（续）

树种	林层	相关系数	
		高径比与胸径	高径比与树高
红皮树-Ⅰ (*Styrax suberifolius*)	Ⅲ	-0.698**	-0.269

注：S 表示全林分，Ⅰ表示第Ⅰ亚层，Ⅱ表示第Ⅱ亚层，Ⅲ表示第Ⅲ亚层，L 表示受光层，NL 表示非受光层，* 表示高径比与树高或与胸径有显著相关（$P<0.05$），* * 表示高径比与树高或胸径有极显著相关（$P<0.01$）。

典型林分主要树种各林层林木高径比与胸径的关系用不同函数评价的结果见表 6-3。指数函数和双曲线函数拟合主要树种第Ⅰ亚层和第Ⅱ亚层林木高径比与胸径关系的效果均较好，而拟合全林和第Ⅲ亚层的效果均相对较差。其中，指数函数拟合主要树种第Ⅰ亚层、第Ⅱ亚层的 R^2 分别为 0.849~0.913 和 0.800~0.925（第Ⅱ亚层光叶山矾 0.648，为特例，未包括在内），而拟合全林（3 个亚层均有分布的树种 R^2 为 0.694~0.726 除外）和第Ⅲ亚层的 R^2 均明显下降，分别为 0.230~0.504 和 0.230~0.642（其中庆元冬青 0.056，为特例，未包括在内）；双曲线函数拟合主要树种第Ⅰ亚层、第Ⅱ亚层的 R^2 分别为 0.862~0.965 和 0.803~0.977（第Ⅱ亚层光叶山矾 0.646，为特例，未包括在内），而拟合全林（3 个亚层均有分布的树种 R^2 为 0.608~0.701 除外）和第Ⅲ亚层的 R^2 明显下降，分别为 0.193~0.477 和 0.193~0.536（其中庆元冬青 0.032，为特例，未包括在内）。对比两个函数的拟合效果，指数函数拟合主要树种全林、第Ⅲ亚层的 R^2 相对较高，*RMSE* 和 *AMR* 相对较小，而双曲线函数拟合主要树种第Ⅰ亚层和Ⅱ亚层的 R^2 相对较高，*RMSE* 和 *AMR* 相对较小。选用指数函数描述主要树种全林和第Ⅲ亚层林木高径比与胸径关系，选用双曲线函数描述主要树种第Ⅰ亚层和Ⅱ亚层，拟合结果如图6-1所示。

次典型林分林木高径比与胸径关系曲线在各林层的拟合效果与典型林分基本一致。次典型林分主要树种各林层林木高径比与胸径的关系用不同函数评价的结果见表6-3。指数函数和双曲线函数拟合主要树种全林（0.670~0.857和0.513~0.728）和受光层（0.769~0.835和0.737~0.873）林木高径比与胸径关系的效果均较好，而拟合非受光层（0.320~0.502和0.358~0.524，其中木荷的0.124和0.055为特例，不包括在内）的效果均相对较差。对比两个函数的拟合效果，除拟合木荷的受光层外，指数函数拟合主要树种各林层的R^2相对较高，$RMSE$和AMR相对较小。选用指数函数描述主要树种各林层林木高径比与胸径关系，拟合结果如图6-3所示。

表6-3　各函数评价指标结果

Tab. 6-3　Results ofeach function evalution index

树种	层属	评价指标				
		指数函数			双曲线函数	
		R^2	$RMSE$	AMR	R^2	$RMSE$
木荷-Ⅰ (*Schima superba*)	S	0.726	18.78	13.9	0.608	22.46
	Ⅰ	0.849	8.28	6.54	0.924	5.89
	Ⅱ	0.921	8.87	7.31	0.951	7.03
	L	0.873	9.92	7.87	0.887	9.36
	Ⅲ	0.320	22.62	18.21	0.230	24.09
浙江桂-Ⅰ (*Cinnamomum* *chekiangense*)	S	0.726	15.94	10.82	0.652	17.96
	Ⅰ	0.849	5.95	5.00	0.862	5.68
	Ⅱ	0.901	12.04	9.30	0.977	5.79
	L	0.760	11.47	8.40	0.862	8.72
	Ⅲ	0.642	21.58	16.1	0.536	24.54

（续）

树种	层属	评价指标				
		指数函数			双曲线函数	
		R^2	RMSE	AMR	R^2	RMSE
米槠-Ⅰ (*Castanopsis carlesii*)	S	0.695	23.25	16.86	0.702	22.99
	Ⅰ	0.913	6.20	4.51	0.965	3.95
	Ⅱ	0.925	8.27	4.85	0.892	9.93
	L	0.866	9.01	6.82	0.848	9.59
	Ⅲ	0.570	24.9	18.65	0.519	26.34
猴欢喜-Ⅰ (*Sloanea sinensis*)	S	0.439	17.50	13.17	0.382	18.37
	Ⅱ	0.917	6.57	5.23	0.954	4.90
	Ⅲ	0.398	17.82	13.12	0.351	18.51
尖叶水丝梨-Ⅰ (*Sycopsis dunnii*)	S	0.317	20.46	16.07	0.299	20.74
	Ⅱ	0.875	7.87	5.58	0.892	7.33
	Ⅲ	0.287	20.62	16.28	0.253	21.09
光叶山矾-Ⅰ (*Symplocos lancifolia*)	S	0.418	16.85	13.03	0.417	16.87
	Ⅱ	0.648	8.01	5.67	0.647	8.02
	Ⅲ	0.463	16.95	12.6	0.417	17.66
三花冬青-Ⅰ (*Ilex triflora*)	S	0.504	16.45	12.53	0.477	16.91
	Ⅱ	0.800	7.35	5.43	0.803	7.29
	Ⅲ	0.488	16.92	12.8	0.427	17.9
格氏栲-Ⅱ (*Castanopsis kawakamii*)	S	0.857	11.12	7.78	0.728	15.34
	L	0.865	7.13	5.63	0.791	8.87
	NL	0.502	21.01	14.70	0.524	20.55
米槠-Ⅱ (*Castanopsis carlesii*)	S	0.670	11.42	8.41	0.513	13.88
	L	0.769	7.22	5.30	0.737	7.700
	NL	0.320	19.38	13.63	0.358	18.84
木荷-Ⅱ (*Schima superba*)	S	0.781	11.09	8.31	0.543	16.02
	L	0.851	7.80	5.70	0.873	7.21
	NL	0.124	13.92	11.46	0.055	14.46

（续）

树种	层属	评价指标				
		指数函数			双曲线函数	
		R^2	RMSE	AMR	R^2	RMSE
庆元冬青-Ⅰ (*Ilex qingyuanensis*)	Ⅲ	0.056	18.51	14.60	0.032	18.78
新木姜子-Ⅰ (*Neolitsea aurata*)	Ⅲ	0.416	16.12	13.01	0.386	16.53
桂北木姜子-Ⅰ (*Litsea subcoriacea*)	Ⅲ	0.282	27.78	21.16	0.332	26.80
山黄皮-Ⅰ (*Randia cochinchinensis*)	Ⅲ	0.250	19.62	14.46	0.230	19.87
福建山矾-Ⅰ (*Symplocos fukienensis*)	Ⅲ	0.230	22.15	17.07	0.193	22.68
山杜英-Ⅰ (*Elaeocarpus sylvestris*)	Ⅲ	0.410	31.10	21.46	0.426	30.69
红皮树-Ⅰ (*Styrax suberifolius*)	Ⅲ	0.497	18.34	14.36	0.425	19.62

根据第3章和第5章的研究可知，林木高径比会因亚层和胸径而不同。因此，分析树种对林木高径比与胸径关系曲线的影响时，所处的亚层和胸径范围应尽可能一致。树种对林木高径比与胸径关系曲线的影响如图6-5所示，可以看出当胸径的分布范围基本一致时，各树种林木高径比与胸径关系曲线也有可能存在较大差异，如红皮树和山黄皮处于相同胸径大小时，两者始终存在较大差异。对图中4个树种的林木高径比进行Kruskal-Wallis检验，结果显示4个树种中至少有2个树种的林木高径比有极显著差异($P<0.01$)。以上结果说明不同树种的林木高径比可能存在差异。

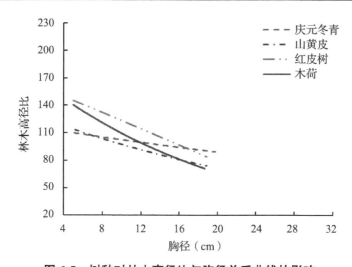

图 6-5　树种对林木高径比与胸径关系曲线的影响

Fig. 6-5　Effect of tree species on the relationship curve between *HDR* and *DBH*

(图中的林木均处于第Ⅲ亚层)

6.5　讨　论

主要树种第Ⅲ亚层林木高径比与胸径关系相对不密切，原因可能是第Ⅰ亚层和第Ⅱ亚层的林木相对较少且较为分散，林木之间的竞争压力相对较小，竞争对其林木高径比与胸径关系的影响相对较小；但第Ⅲ亚层林木相对较多且分布不均，林木之间的竞争压力相对较大且不均衡，竞争对其林木高径比与胸径关系的影响相对较大且不均衡。

主要树种全林林木高径比与胸径均呈负相关且相关系数较高，这与其他学者对加拿大北方混交林主要树种(Wang，1998)、波兰涅波沃米采森林主要树种(Orzeł，2007)、伊朗赫坎阔叶林主要树种(Akhavan et al.，2007)的研究结论一致。

主要树种(除只分布在 1 个亚层的树种外)全林林木高径比与树高关系呈负相关且相关系数较低，这与加拿大北方混交林主要树种(Wang，1998)的研究结论一致，而与人工加勒比松纯林(Oyebade et al.，2015)的研究结论(呈正相关且相关系数较低)不同。主要树种各林层林木高径比与树高关系较为复杂且相关系数均较低的原因有待进一步研究。

各树种之间林木高径比特征差异比较以及基于林木高径比特征的树种聚类，均需要以各树种各林层林木高径比与胸径的关系曲线为基础，如何进行差异比较和树种聚类，有待进一步研究。

6.6　小　结

中亚热带天然阔叶林主要树种林木高径比现实数值状态(平均值与分布范围)为：全林为 111.6(26.7～209.0)，第 I 亚层为 66.4(35.9～135.0)，第 II 亚层为 91.7(26.7～181.1)，受光层为 83.6(26.7～181.1)，第 III 亚层为 120.7(43.5～209.0)。中亚热带天然阔叶林主要树种各亚层林木高径比会因所属亚层及胸径的不同而变化。树种水平的林木高径比与胸径及树高的关系与林分水平的基本一致。主要树种各林层林木高径比与胸径关系呈现极显著负相关($P<0.01$)且相关系数均较高，其关系曲线拟合是有意且必要的，双曲线函数能更好地描述主要树种第 I 亚层和第 II 亚层林木高径比与胸径关系，指数函数能更好地描述主要树种全林和第 III 亚层林木高径比与胸径关系；主要树种各林层林木高径比与树高关系较为复杂且相

关系数均较低，其曲线拟合是没有意义的。不同树种的林木高径比有可能存在差异，各树种的林木高径比特征需要且可以用各林层林木高径比与胸径关系曲线表达。

第7章 单木水平(解析木)林木 高径比特征

第3章至第5章研究了中亚热带天然阔叶林林分(群落)水平林木高径比特征,第6章研究了中亚热带天然阔叶林树种(种群)水平的林木高径比特征,本章研究中亚热带天然阔叶林单木水平(解析木)的林木高径比特征,研究内容包括主要树种林木高径比与胸径的关系、与树高的关系、与年龄的关系和带皮与去皮林木高径比的关系。

7.1 数据整理

中亚热带天然阔叶树解析木数据的整理见第2章。

7.2 研究方法

研究方法同第5章。本章的关系曲线模型经多模型优选后,选用幂函数和双曲线函数。

7.3 单木水平(解析木)主要树种林木高径比与胸径关系

单木水平(解析木)主要树种的林木高径比与胸径的散点图如图 7-1 和图 7-2 所示,由图可看出绝大多数解析木(除木荷-Ⅰ的 1、5 号外)的林木高径比先随胸径增大而快速下降至 100 左右,此时胸径为 10 cm 左右,随后其下降的幅度开始减小至趋于平稳。

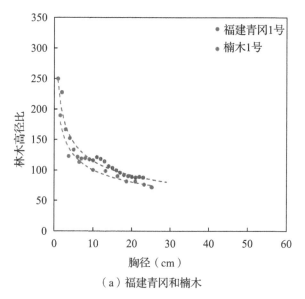

（a）福建青冈和楠木

图 7-1 典型林分单木水平主要树种林木高径比与胸径的散点图及关系曲线图
Fig. 7-1 Scatter plots and relationship curves of height/diameter ratio and *DBH* of main tree species at individual tree level in a typical stand

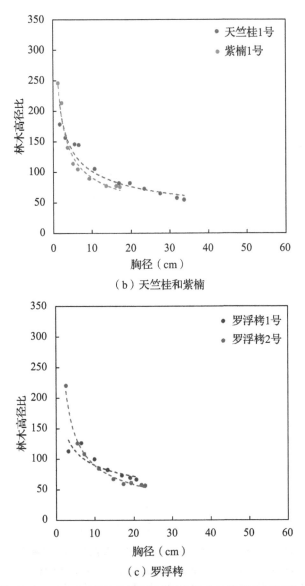

（b）天竺桂和紫楠

（c）罗浮栲

图 7-1　典型林分单木水平主要树种林木高径比与胸径的散点图及关系曲线图(续)

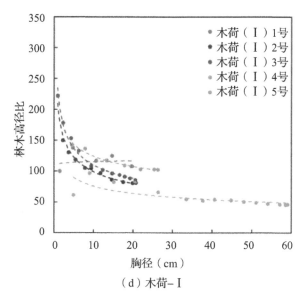

（d）木荷–Ⅰ

图 7-1　典型林分单木水平主要树种林木高径比与胸径的散点图及关系曲线图(续)

扫查彩图

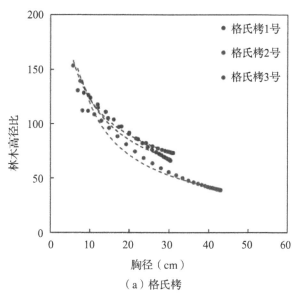

（a）格氏栲

图 7-2　次典型林分单木水平主要树种林木高径比与胸径的散点图及关系曲线图
Fig. 7-2　Scatter plots and relationship curves of height/diameter ratio
and *DBH* of main tree species at individual tree level in a subtypical stand

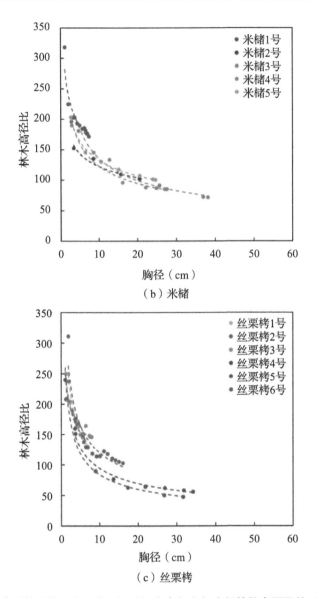

（b）米槠

（c）丝栗栲

图 7-2 次典型林分单木水平主要树种林木高径比与胸径的散点图及关系曲线图(续)

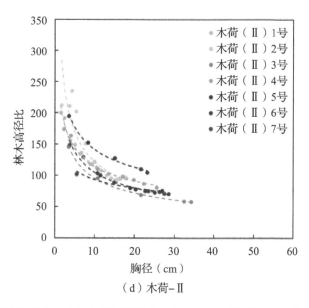

（d）木荷-Ⅱ

图 7-2　次典型林分单木水平主要树种林木高径比与胸径的散点图及关系曲线图（续）扫查彩图

　　单木水平的主要树种林木高径比与胸径关系曲线评价指标结果见表 7-1，由表可看出，32 株解析木运用幂函数拟合，其中 25 株拟合效果很好（R^2 为 0.921~0.998），5 株拟合效果较好（R^2 为 0.709~0.873），2 株较差（R^2 为 0.008~0.496）；32 株解析木运用双曲线函数拟合，其中 19 株拟合效果很好（R^2 为 0.907~0.998），8 株较好（R^2 为 0.753~0.891），5 株较差（R^2 为 0.013~0.619）。对比两个函数的拟合效果可知，幂函数的拟合效果基本优于双曲线函数，R^2 更大，$RMSE$ 和 AMR 较小。因此，采用幂函数描述单木水平的主要树种林木高径比与胸径关系曲线，分别如图 7-1 和图 7-2 所示。

　　以上研究表明，中亚热带天然阔叶林单木水平的主要树种林木高径比先随胸径的增大而快速下降，当胸径为 10 cm 左右时，林木高径比下降至 100 左右，随后其下降幅度逐渐减小至趋于平稳；幂函数更适合用于描述单木水平的主要树种林木高径比与胸径的关系；对于林木干形的塑造，应特别关注胸径小于 10 cm 的林木。

表 7-1 单木水平的主要树种林木高径比与胸径关系曲线评价指标

Tab. 7-1 Evaluation index of the relationship between HDR and DBH of main tree species at single tree level

树种	树号	年龄（a）	评价指标					
			幂函数			双曲线函数		
			R^2	RMSE	AMR	R^2	RMSE	AMR
福建青冈（Cyclobalanopsischungii）	1	24	0.969	7.51	5.16	0.907	13.09	9.68
楠木（Phoebe zhennan）	1	101	0.965	6.71	4.20	0.957	7.42	5.87
天竺桂（Cinnamomum japonicum）	1	106	0.921	13.17	9.26	0.753	23.33	17.73
紫楠（Phoebe sheareri）	1	84	0.973	10.96	8.07	0.955	14.18	8.19
罗浮栲（Castanopsis faberi）	1	76	0.709	13.73	9.45	0.543	17.20	11.99
罗浮栲（Castanopsis faberi）	2	84	0.996	3.62	2.86	0.995	4.23	3.24
木荷-Ⅰ（Schima superba）	1	51	0.008	15.54	10.74	0.137	14.49	9.73
木荷-Ⅰ（Schima superba）	2	57	0.986	5.34	3.75	0.960	8.84	7.58
木荷-Ⅰ（Schima superba）	3	59	0.986	5.61	4.28	0.857	17.77	13.57
木荷-Ⅰ（Schima superba）	4	76	0.960	3.69	2.24	0.883	6.31	4.24
木荷-Ⅰ（Schima superba）	5	156	0.496	11.62	7.86	0.261	14.07	10.27
木荷-Ⅱ（Schima superba）	1	23	0.957	7.73	5.33	0.864	13.73	10.366

（续）

树种	树号	年龄（a）	评价指标					
			幂函数			双曲线函数		
			R^2	*RMSE*	*AMR*	R^2	*RMSE*	*AMR*
木荷-Ⅱ (*Schima superba*)	2	32	0.788	24.96	17.12	0.620	33.38	23.96
木荷-Ⅱ (*Schima superba*)	3	42	0.998	2.06	1.27	0.965	8.03	4.87
木荷-Ⅱ (*Schima superba*)	4	44	0.973	5.85	3.68	0.883	12.22	8.60
木荷-Ⅱ (*Schima superba*)	5	45	0.993	3.48	2.45	0.948	9.64	6.94
木荷-Ⅱ (*Schima superba*)	6	56	0.855	5.64	3.35	0.751	7.37	4.43
木荷-Ⅱ (*Schima superba*)	7	84	0.978	4.54	2.72	0.916	8.81	6.13
格氏栲 (*Castanopsis kawakamii*)	1	34	0.945	4.99	3.81	0.891	7.07	5.36
格氏栲 (*Castanopsis kawakamii*)	2	29	0.997	1.18	0.80	0.969	4.05	2.95
格氏栲 (*Castanopsis kawakamii*)	3	42	0.953	5.21	3.77	0.919	6.83	4.86
米槠 (*Castanopsis carlesii*)	1	13	0.873	14.59	10.36	0.961	8.10	5.74
米槠 (*Castanopsis carlesii*)	2	18	0.957	5.40	3.32	0.871	9.42	5.69
米槠 (*Castanopsis carlesii*)	3	41	0.975	8.50	5.52	0.915	15.77	10.26
米槠 (*Castanopsis carlesii*)	4	43	0.969	7.93	4.56	0.909	13.50	7.94
米槠 (*Castanopsis carlesii*)	5	64	0.994	3.15	1.91	0.979	5.78	4.56
丝栗栲 (*Castanopsis fargesii*)	1	9	0.997	2.43	1.60	0.991	4.46	3.20

（续）

树种	树号	年龄（a）	评价指标					
			幂函数			双曲线函数		
			R^2	RMSE	AMR	R^2	RMSE	AMR
丝栗栲（Castanopsis fargesii）	2	11	0.771	18.76	12.78	0.639	23.53	17.03
丝栗栲（Castanopsis fargesii）	3	12	0.932	9.48	7.54	0.957	7.51	5.55
丝栗栲（Castanopsis fargesii）	4	28	0.993	3.52	2.52	0.998	1.45	0.98
丝栗栲（Castanopsis fargesii）	5	28	0.983	11.26	7.31	0.900	27.01	18.04
丝栗栲（Castanopsis fargesii ）	6	30	0.942	13.57	11.84	0.988	6.12	4.84

7.4 单木水平（解析木）主要树种林木高径比与树高关系

中亚热带天然阔叶林单木水平的主要树种林木高径比与树高的散点图如图 7-3 和图 7-4 所示，由图可看出大部分（除木荷-Ⅰ的 1、5 号解析木外）林木高径比随树高增大呈下降趋势，但其下降规律较不一致。

单木水平的主要树种林木高径比与树高关系曲线评价指标结果见表 7-2，由表可看出，32 株解析木运用幂函数拟合，其中 18 株拟合效果很好（R^2 为 0.914~0.998），8 株较好（R^2 为 0.749~0.871），6 株较差（R^2 为 0.039~0.637）；32 株解析木运用双曲线函数拟合，其中 16 株拟合效果很好（R^2 为 0.897~0.998），8 株较好（R^2 为 0.736~0.874），7 株较差（R^2 为

0.088~0.691)。对比两个函数的拟合效果可知，幂函数的拟合效果基本优于双曲线函数，R^2 更大，*RMSE* 和 *AMR* 较小。因此，采用幂函数描述单木水平的主要树种林木高径比与树高关系曲线，分别如图 7-3 和图 7-4 所示。与单木水平的林木高径比与胸径关系的拟合效果，大多数解析木的林木高径比与树高关系的拟合效果较差。

以上研究表明，中亚热带天然阔叶林单木水平的主要树种林木高径比随树高的增大而下降的规律较不一致。与主要树种林木高径比与胸径关系的拟合效果相比，大部分林木高径比与树高关系的拟合效果较差。

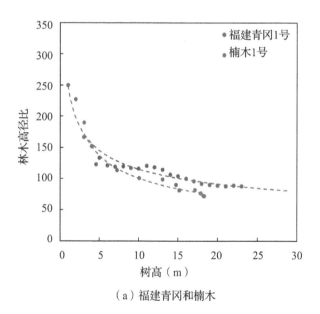

（a）福建青冈和楠木

图 7-3　典型林分单木水平主要树种林木高径比与树高的散点图及关系曲线图
Fig. 7-3　Scatter plots and relationship curves of height/diameter ratio and tree height of main tree species at individual tree level in a typical stand

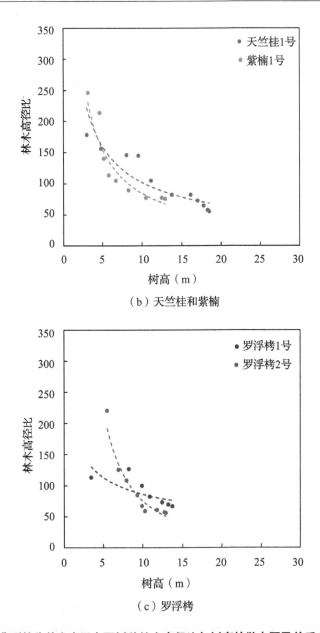

图 7-3　典型林分单木水平主要树种林木高径比与树高的散点图及关系曲线图(续)

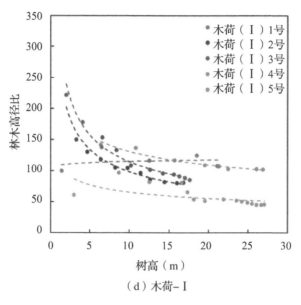

（d）木荷-Ⅰ

图 7-3　典型林分单木水平主要树种林木高径比与树高的散点图及关系曲线图(续)　扫查彩图

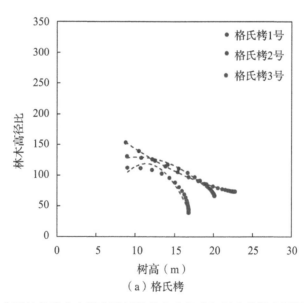

（a）格氏栲

图 7-4　次典型林分单木水平主要树种林木高径比与树高的散点图及关系曲线图
Fig. 7-4　Scatter plots and relationship curves of height/diameter ratio and
tree height of main tree species at individual tree level in a subtypical stand
（图中格氏栲的关系曲线较为特殊，经过模型优选，宜选用二阶多项式描述该曲线）

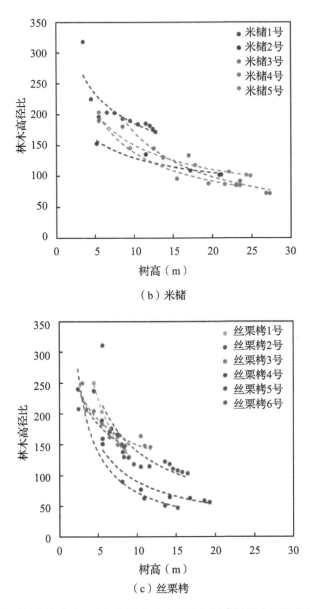

（b）米槠

（c）丝栗栲

图 7-4　次典型林分单木水平主要树种林木高径比与树高的散点图及关系曲线图(续)

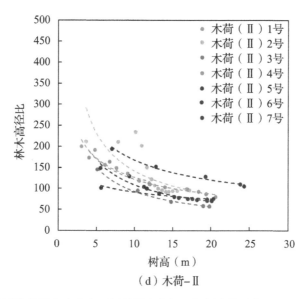

图 7-4　次典型林分单木水平主要树种林木高径比与树高的散点图及关系曲线图(续)　扫查彩图

表 7-2　单木水平的主要树种林木高径比与树高关系曲线评价指标

Tab. 7-2　Evaluation index of the relationship between height/diameter ratio
and tree height of main tree species at single tree level

树种	树号	年龄 (a)	评价指标					
			幂函数			双曲线函数		
			R^2	RMSE	AMR	R^2	RMSE	AMR
福建青冈 (*Cyclobalanopsis chungii*)	1	24	0.928	11.52	7.68	0.921	12.06	7.91
楠木 (*Phoebe zhennan*)	1	101	0.922	10.03	6.31	0.940	8.79	6.45
天竺桂 (*Cinnamomum japonicum*)	1	106	0.819	19.99	14.42	0.736	21.15	17.93
紫楠 (*Phoebe sheareri*)	1	84	0.896	21.66	14.90	0.897	21.59	14.59
罗浮栲 (*Castanopsis faberi*)	1	76	0.484	18.28	12.82	0.386	19.94	13.88

（续）

树种	树号	年龄（a）	评价指标					
			幂函数			双曲线函数		
			R^2	RMSE	AMR	R^2	RMSE	AMR
罗浮栲（Castanopsis faberi）	2	84	0.969	10.10	8.01	0.933	14.79	11.99
木荷-Ⅰ（Schima superba）	1	51	0.039	15.30	10.45	0.192	14.00	9.27
木荷-Ⅰ（Schima superba）	2	57	0.968	7.94	5.51	0.986	5.31	4.18
木荷-Ⅰ（Schima superba）	3	59	0.971	7.97	6.15	0.897	15.04	11.49
木荷-Ⅰ（Schima superba）	4	76	0.938	4.62	2.74	0.874	6.56	4.30
木荷-Ⅰ（Schima superba）	5	146	0.250	14.17	10.49	0.088	15.63	11.78
木荷-Ⅱ（Schima superba）	1	23	0.914	10.90	7.48	0.849	14.46	10.33
木荷-Ⅱ（Schima superba）	2	32	0.495	38.47	28.58	0.421	41.21	30.57
木荷-Ⅱ（Schima superba）	3	42	0.994	3.44	2.12	0.985	5.23	3.23
木荷-Ⅱ（Schima superba）	4	44	0.944	8.46	5.32	0.887	12.04	7.76
木荷-Ⅱ（Schima superba）	5	45	0.986	5.09	3.57	0.963	8.18	5.95
木荷-Ⅱ（Schima superba）	6	56	0.771	7.07	4.24	0.691	8.21	4.96
木荷-Ⅱ（Schima superba）	7	84	0.944	7.20	4.42	0.917	8.76	5.57
格氏栲（Castanopsis kawakamii）	1	34	0.800	9.56	7.63	0.792	9.74	7.60
格氏栲（Castanopsis kawakamii）	2	29	0.992	2.12	1.47	0.987	2.67	1.80

树种	树号	年龄 (a)	评价指标					
			幂函数			双曲线函数		
			R^2	*RMSE*	*AMR*	R^2	*RMSE*	*AMR*
格氏栲 (*Castanopsis kawakamii*)	3	42	0.637	14.44	11.62	0.685	11.45	10.43
米槠 (*Castanopsis carlesii*)	1	13	0.749	20.55	13.41	0.820	17.39	10.86
米槠 (*Castanopsis carlesii*)	2	18	0.930	6.91	4.27	0.864	9.67	5.89
米槠 (*Castanopsis carlesii*)	3	41	0.929	14.38	9.18	0.910	16.20	10.41
米槠 (*Castanopsis carlesii*)	4	43	0.925	12.25	6.93	0.901	14.08	8.22
米槠 (*Castanopsis carlesii*)	5	64	0.987	4.63	2.79	0.994	3.12	2.27
丝栗栲 (*Castanopsis fargesii*)	1	9	0.989	4.66	3.09	0.990	4.55	2.97
丝栗栲 (*Castanopsis fargesii*)	2	11	0.578	25.47	17.53	0.476	28.36	19.7
丝栗栲 (*Castanopsis fargesii*)	3	12	0.871	13.07	10.36	0.909	10.92	8.46
丝栗栲 (*Castanopsis fargesii*)	4	28	0.974	6.56	4.72	0.981	5.58	3.96
丝栗栲 (*Castanopsis fargesii*)	5	28	0.947	19.72	12.67	0.931	22.54	13.61
丝栗栲 (*Castanopsis fargesii*)	6	30	0.753	28.12	22.99	0.756	27.89	21.48

7.5　单木水平(解析木)主要树种林木高径比与年龄关系

中亚热带天然阔叶林单木水平的主要树种林木高径比与年龄的散点图分别如图 7-5 和图 7-6 所示，由图可看出绝大多数解析木(除木荷–Ⅰ 的 1、5 号外)的林木高径比先随年龄增大而呈下降趋势。对于处于典型林分的解析木(除木荷–Ⅰ 的 1、5 号外)，其林木高径比先随年龄增大而快速下降至 100 左右时，此时年龄为 40 年左右，随后其下降的幅度开始减小至趋于平稳。对于处于次典型林分的解析木(除木荷–Ⅰ 的 1、5 号外)，其林木高径比先随年龄增大而快速下降至 100 左右时，此时年龄为 20 年左右，随后其下降的幅度开始减小至趋于平稳。

单木水平的主要树种林木高径比与年龄关系曲线评价指标见表 7-3，从表中可看出，32 株解析木运用幂函数拟合，其中 22 株拟合效果很好(R^2 为 0.911~0.994)，8 株较好(R^2 为 0.750~0.871)，2 株较差(R^2 为 0.003~0.568)；32 株解析木运用双曲线函数拟合，其中 21 株拟合效果很好(R^2 为 0.904~0.995)，8 株较好(R^2 为 0.704~0.891)，3 株较差(R^2 为 0.063~0.576)。对比两个函数的拟合效果可知，幂函数的拟合效果总体优于双曲线函数，R^2 更大，$RMSE$ 和 AMR 较小。因此，采用幂函数描述单木水平的主要树种林木高径比与胸径关系曲线，分别如图 7-5 和图 7-6。

单木水平的主要树种年龄与胸径及树高的相关性结果见表 7-4，由表可知，与年龄与树高的相关系数相比，大部分年龄与胸径的相关系数更高。以上结果反映出，相对于林木高径比与树高的关系，林木高径比与胸径的关系更适合用于替代表达林木高径比与年龄的关系。

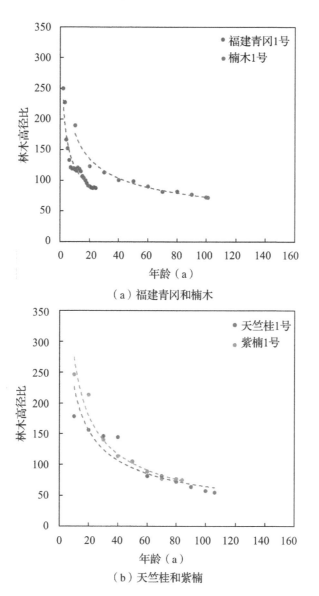

（a）福建青冈和楠木

（b）天竺桂和紫楠

图 7-5　单木水平的典型林分主要树种林木高径比与年龄的散点图及关系曲线图
**Fig. 7-5　Scatter plots and relationship curves of height/diameter ratio and
age of main tree species at individual tree level in a typical stand**
[图中木荷(Ⅰ)1 号和木荷(Ⅰ)5 号的关系曲线较
为特殊，经过模型优选，宜选用四阶多项式进行描述]

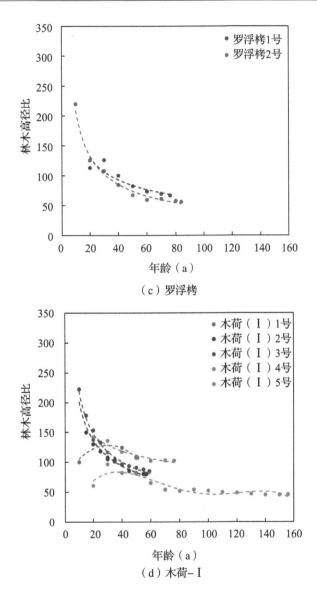

（c）罗浮栲

（d）木荷-Ⅰ

扫查彩图　**图 7-5　单木水平的典型林分主要树种林木高径比与年龄的散点图及关系曲线图**(续)

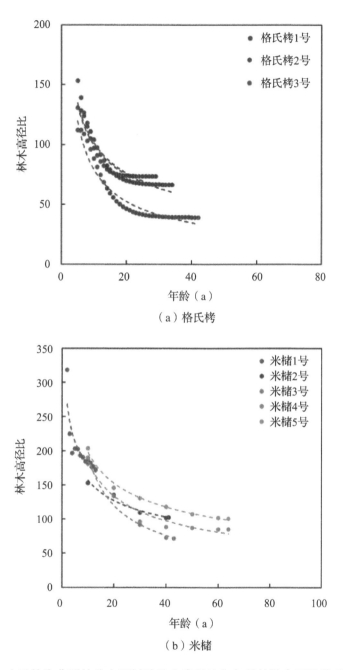

图 7-6 单木水平的次典型林分主要树种林木高径比与年龄的散点图及关系曲线图(续)
Fig. 7-6 Scatter plots and relationship curves of height/diameter ratio and
age of main tree species at individual tree level in a subtypical stand

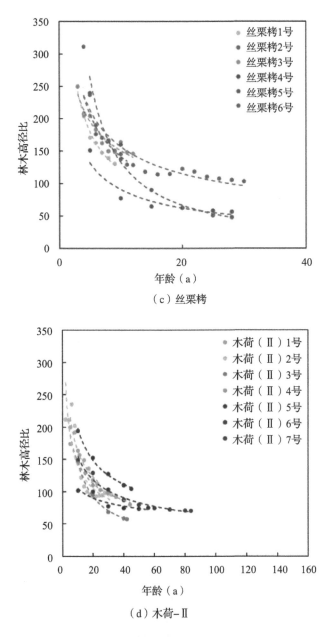

（c）丝栗栲

　图7-6　单木水平的次典型林分主要树种林木高径比与年龄的散点图及关系曲线图(续)

表 7-3　主要树种林木高径比与年龄关系曲线评价指标
Tab. 7-3　Evaluation indicators for the relationship curve between HDR and age of each tree

树种	树号	年龄(a)	评价指标					
			幂函数			双曲线函数		
			R^2	RMSE	AMR	R^2	RMSE	AMR
福建青冈 (Cyclobalanopsis chungii)	1	24	0.941	10.42	7.67	0.957	8.95	6.58
楠木 (Phoebe zhennan)	1	101	0.871	6.11	4.06	0.980	5.09	4.04
天竺桂 (Cinnamomum japonicum)	1	106	0.841	18.71	14.41	0.704	25.57	20.14
紫楠 (Phoebe sheareriv)	1	84	0.944	15.94	8.86	0.892	22.1	13.81
罗浮栲 (Castanopsis faberivv)	1	76	0.785	11.8	7.87	0.710	13.71	9.27
罗浮栲 (Castanopsis faberi)	2	84	0.989	5.98	4.68	0.991	5.45	3.3
木荷-Ⅰ (Schima superbav)	1	51	0.003	15.59	10.81	0.063	15.11	10.21
木荷-Ⅰ (Schima superba)	2	57	0.968	7.97	5.8	0.987	5.14	3.51
木荷-Ⅰ (Schima superba)	3	59	0.988	5.18	3.88	0.983	6.05	4.34
木荷-Ⅰ (Schima superba)	4	76	0.943	4.43	3.23	0.918	5.29	3.09
木荷-Ⅰ (Schima superba)	5	146	0.568	10.76	6.83	0.418	12.49	8.48
木荷-Ⅱ (Schima superba)	1	23	0.929	9.9	6.96	0.857	14.08	10.46
木荷-Ⅱ (Schima superba)	2	32	0.750	27.09	18.38	0.576	35.25	25.12
木荷-Ⅱ (Schima superba)	3	42	0.997	2.2	1.37	0.991	3.94	2.43

（续）

树种	树号	年龄（a）	评价指标					
			幂函数			双曲线函数		
			R^2	RMSE	AMR	R^2	RMSE	AMR
木荷-Ⅱ（Schima superba）	4	44	0.941	8.72	5.26	0.840	14.33	9.36
木荷-Ⅱ（Schima superba）	5	45	0.994	3.27	2.39	0.964	8.03	5.76
木荷-Ⅱ（Schima superba）	6	56	0.835	5.99	3.99	0.767	7.13	4.24
木荷-Ⅱ（Schima superba）	7	84	0.971	5.17	3.51	0.909	9.17	6.32
格氏栲（Castanopsis kawakamii）	1	34	0.954	4.6	3.98	0.955	4.54	3.22
格氏栲（Castanopsis kawakamii）	2	29	0.911	6.94	5.89	0.965	4.33	3.7
格氏栲（Castanopsis kawakamii）	3	42	0.952	5.26	4.28	0.943	5.72	3.87
米槠（Castanopsis carlesii）	1	13	0.783	19.1	12.62	0.891	13.52	8.75
米槠（Castanopsis carlesii）	2	18	0.957	5.45	3.31	0.904	8.13	5.00
米槠（Castanopsis carlesii）	3	41	0.972	9.05	5.66	0.948	12.35	7.47
米槠（Castanopsis carlesii）	4	43	0.951	9.92	6.81	0.953	9.67	6.16
米槠（Castanopsis carlesii）	5	64	0.991	3.83	2.34	0.992	3.58	2.71
丝栗栲（Castanopsis fargesii）	1	9	0.987	5.33	3.55	0.995	3.39	2.00
丝栗栲（Castanopsis fargesii）	2	11	0.827	16.32	9.7	0.790	17.95	11.08
丝栗栲（Castanopsis fargesii）	3	12	0.922	10.17	8.19	0.942	8.75	6.62

（续）

树种	树号	年龄(a)	评价指标					
			幂函数			双曲线函数		
			R^2	RMSE	AMR	R^2	RMSE	AMR
丝栗栲 (Castanopsis fargesii)	4	28	0.931	10.74	7.91	0.966	7.56	5.46
丝栗栲 (Castanopsis fargesii)	5	28	0.968	15.37	9.91	0.962	16.76	9.91
丝栗栲 (Castanopsis fargesii)	6	30	0.856	21.48	17.06	0.924	15.58	11.38

表 7-4　单木水平的主要树种年龄与胸径及树高的相关性

Tab. 7-4　Correlation between age and DBH and height of main

tree species at individual tree level

树种	树号	年龄(a)	年龄与胸径的相关性	年龄与树高的相关性
福建青冈 (Cyclobalanopsis chungii)	1	24	0.999**	0.986**
楠木 (Phoebe zhennan)	1	101	0.997**	0.972**
天竺桂 (Cinnamomum japonicum)	1	106	0.991**	0.979**
紫楠 (Phoebe sheareri)	1	84	0.976**	0.977**
罗浮栲 (Castanopsis faberi)	1	76	0.998**	0.946**
罗浮栲 (Castanopsis faberi)	2	84	0.997**	0.994**
木荷-Ⅰ (Schima superba)	1	51	0.998**	0.992**
木荷-Ⅰ (Schima superba)	2	57	0.994**	0.999**

（续）

树种	树号	年龄 （a）	年龄与胸径的 相关性	年龄与树高的 相关性
木荷-Ⅰ （Schima superba）	3	59	0.994**	0.984**
木荷-Ⅰ （Schima superba）	4	76	0.994**	0.994**
木荷-Ⅰ （Schima superba）	5	146	0.985**	0.940**
木荷-Ⅱ （Schima superba）	1	23	0.993**	0.999**
木荷-Ⅱ （Schima superbav	2	32	0.967**	0.936**
木荷-Ⅱ （Schima superba）	3	42	0.997**	0.999**
木荷-Ⅱ （Schima superba）	4	44	0.998**	0.991**
木荷-Ⅱ （Schima superba）	5	45	0.997**	0.990**
木荷-Ⅱ （Schima superba）	6	56	0.968**	0.961**
木荷-Ⅱ （Schima superba）	7	84	0.996**	0.988**
格氏栲 （Castanopsis kawakamii）	1	34	0.892**	0.760**
格氏栲 （Castanopsis kawakamii）	2	29	0.894**	0.867**
格氏栲 （Castanopsis kawakamii）	3	42	0.908**	0.650**
米槠 （Castanopsis carlesii）	1	13	0.995**	0.992**
米槠 （Castanopsis carlesii）	2	18	0.997**	0.993**

（续）

树种	树号	年龄 （a）	年龄与胸径的 相关性	年龄与树高的 相关性
米槠 （Castanopsis carlesii）	3	41	0.996**	0.979**
米槠 （Castanopsis carlesii）	4	43	0.975**	0.968**
米槠 （Castanopsis carlesii）	5	64	0.997**	0.994**
米槠 （Castanopsis carlesii）	1	13	0.995**	0.992**
丝栗栲 （Castanopsis fargesii）	1	9	0.998**	0.986**
丝栗栲 （Castanopsis fargesii）	2	11	0.996**	0.948**
丝栗栲 （Castanopsis fargesii）	3	12	0.997**	0.995**
丝栗栲 （Castanopsis fargesii）	4	28	0.985**	0.976**
丝栗栲 （Castanopsis fargesii）	5	28	0.983**	0.999**
丝栗栲 （Castanopsis fargesii）	6	30	0.998**	0.993**

　　以上研究表明，中亚热带天然阔叶林单木水平的主要树种林木高径比先随年龄的增大而快速下降，当在典型林分中其年龄达到 40 年或在次典型林分中其年龄达到 20 年时，林木高径比下降至 100 左右，随后其下降幅度逐渐减小至趋于平稳；幂函数更适合用于描述单木水平的主要树种林木高径比与年龄的关系；相对于林木高径比与树高的关系，林木高径比与胸径的关系更适合用于替代表达林木高径比与年龄的关系；对于林木干形的塑造，应特别关注年龄较小的林木。

7.6　单木水平(解析木)主要树种带皮与去皮林木高径比关系

主要树种带皮与去皮林木高径比的差异显著性分析结果见表 7-5，由表可知带皮与去皮林木高径比之间均有极显著差异。带皮与去皮林木高径比的散点图及关系曲线图如图 7-7 所示，由图可看出带皮与去皮林木高径比呈线性关系。带皮与去皮林木高径比的关系模型参数和评价指标结果见表 7-6，由表可知带皮与去皮林木高径比的关系用线性函数拟合的效果极好(R^2 为 0.952~0.997)。以上结果说明，带皮与去皮林木高径比之间均有极显著差异，但两者总体呈密切的线性关系，可以互相转换。

表 7-5　带皮与去皮林木高径比的差异显著性分析

Tab. 7-5　Analysis of the significance of the difference in *HDR* between skinned and peeled trees

各树种	样本量	Wilcoxon 符号秩检验的 P 值
木荷-I (*Schima superba*)	50	0.000**
木荷-II (*Schima superba*)	57	0.000**
丝栗栲 (*Castanopsis fargesii*)	60	0.000**
米槠 (*Castanopsis carlesii*)	28	0.000**

注：表中仅展示样本量大于 25 的树种，＊＊表示带皮与去皮林木高径比之间在 0.01 水平上差异显著。

表 7-6　带皮与去皮林木高径比关系模型评价指标

Tab. 7-6　Evaluation index of the relationship model of *HDR*

between skinned and peeled trees

树种	线性函数				
	参数		评价指标		
	a	*b*	R^2	*RMSE*	*AMR*
木荷-Ⅰ (*Schima superba*)	−19.15	1.340	0.952	11.35	8.04
木荷-Ⅱ (*Schima superba*)	−12.86	1.236	0.992	4.71	3.43
丝栗栲 (*Castanopsis fargesii*)	−17.01	1.249	0.976	11.03	7.11
米槠 (*Castanopsis carlesii*)	−11.78	1.179	0.994	2.76	1.96

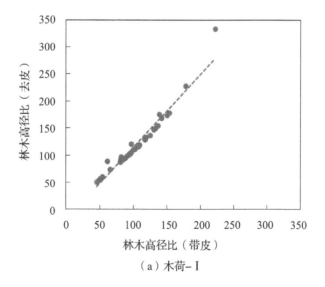

（a）木荷-Ⅰ

图 7-7　带皮与去皮林木高径比的散点图及关系曲线图

Fig. 7-7　Scatter plot and correlation curve of height/diameter ratio

of husked and peeled trees

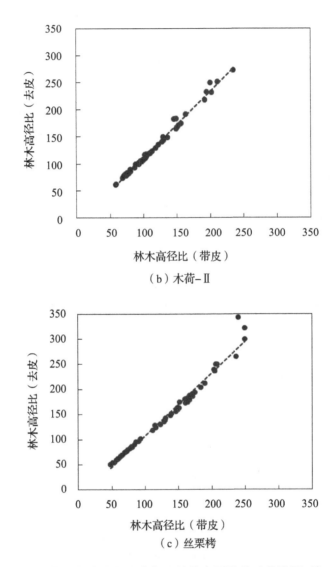

（b）木荷-Ⅱ

（c）丝栗栲

图7-7　带皮与去皮林木高径比的散点图及关系曲线图(续)

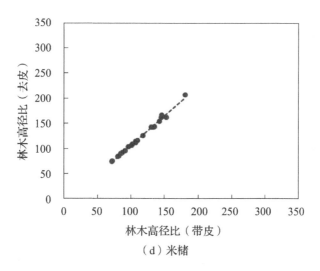

（d）米槠

图 7-7　带皮与去皮林木高径比的散点图及关系曲线图(续)

7.7　讨　论

本研究中单木水平的主要树种林木高径比均随其年龄的升高先呈快速下降的趋势，随后下降幅度逐渐减小至趋于平稳。这与 Chiu et al. (2015)对台湾香柏解析木的研究基本一致，所不同的是，台湾香柏林木高径比急速下降至 10 年生左右时，随后总体上呈平稳下降趋势，而本研究中各树种林木高径比急速下降至 20 年或 40 年左右时，随后才总体上呈平稳下降趋势。

本研究中木荷-Ⅰ 的 1 号树和 5 号树随其年龄、胸径和树高的增加先呈上升后下降的趋势，其原因可能是这两株林木早期所受到的竞争压力比较小，随着年龄增大其竞争压力逐渐增大，林木高径比也开始逐渐上升，当林木在竞争中处于优势地位时，竞争压力开始下降，林木高径比也开始下降。

7.8 小 结

中亚热带天然阔叶林单木水平(解析木)主要树种的林木高径比先随胸径的增大而快速下降,当胸径为 10 cm 左右时,林木高径比下降至 100 附近,随后其下降幅度逐渐减小至趋于平稳;幂函数更适合用于描述其与胸径的关系。主要树种林木高径比随树高的增大而下降的规律较不一致;与主要树种林木高径比与胸径关系的拟合效果相比,大部分林木高径比与树高关系拟合效果较差。主要树种的林木高径比先随年龄的增大而快速下降,当在典型林分中其年龄达到 40 年或在次典型林分中其年龄达到 20 年时,林木高径比下降至 100 附近,随后其下降幅度逐渐减小至趋于平稳;幂函数更适合用于描述其与年龄的关系;相对于林木高径比与树高的关系,林木高径比与胸径的关系更适合用于替代表达林木高径比与年龄的关系。对于林木干形的塑造,应特别关注胸径小于 10 cm 或年龄较小的林木。主要树种的带皮与去皮林木高径比之间均有极显著差异,但两者总体呈密切的线性关系,可以互相转换。

第8章 林木高径比与林木竞争压力的关系

第3章至第7章分别从林分(群落)水平、树种(种群)水平和单木水平(解析木)全面、系统和深入研究了中亚热带天然阔叶林林木高径比特征,本章在此基础上,进一步研究林木高径比与林木竞争压力的关系,探讨林木高径比是否可以作为表征林木竞争压力的指标。

8.1 数据整理

为计算林木竞争指标,沿样地边界预留 5 m 缓冲区,缓冲区内不选取对象木,只在缓冲区以外选择对象木,再选择对象木周围最近 8 株林木作为竞争木,整理对象木和竞争木的数据。

为了进一步研究林木高径比与林木竞争压力是否存在密切关系,模拟只有竞争压力不同、其他林分与环境条件(包括气候、立地、树种、年龄、林分密度和经营历史等)都一致的情景,收集整理福建省武平县、尤溪县和建瓯市等 3 县(市)人工杉木同龄纯林 98 块样地的优势木和平均木林木高径比数据(源于优势木和平均木树干解析测定的胸径和树高数据),将样地内的优势木和平均木合并为一组,并按年龄排序,各样地优势木和平均木林木高径比的对比如图 8-1 所示。

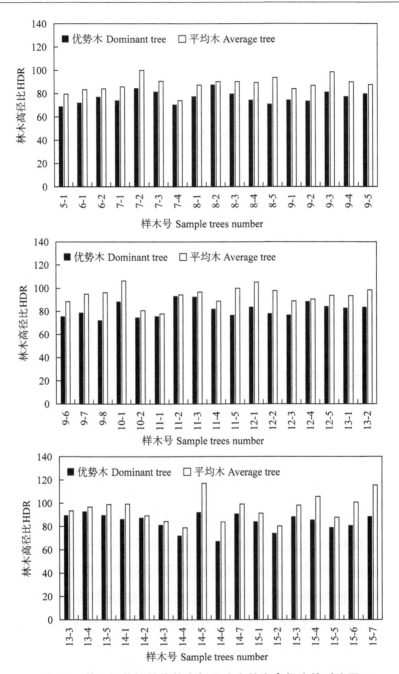

图 8-1　单层同龄纯林优势木与平均木林木高径比的对比图

Fig. 8-1　Comparison of HDR of dominant and average trees in same plot

（图中样木号 5-1、6-1 和 6-2 分别指 5 年生第 1 号样木、
6 年生第 1 号样木和 6 年生第 2 号样木，其他序号以此类推）

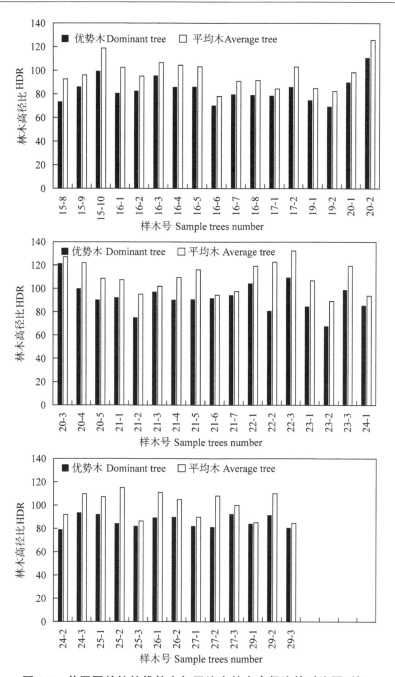

图 8-1　单层同龄纯林优势木与平均木林木高径比的对比图(续)

8.2　研究方法

采用多种林木竞争指标，构建了考虑林木竞争指标的林木高径比与胸径关系模型。采用 Wilcoxon 符号秩检验方法分析单层同龄纯林内优势木与平均木林木高径比差异显著性，采用 Kruskal-Wallis 检验分析不同初植密度、林分年龄和立地条件下林木高径比的差异性。

(1)林木竞争指标

选用多种林木竞争指标加入林木高径比与胸径关系模型，林木竞争指标包括 Hegyi 竞争指数(Hegyi，1974)(CI_1)、张跃西单木竞争指数(张跃西，1993)(CI_2)、与距离无关的单木竞争指标(相对直径)(孟宪宇，2006)(CI_3)、Martin 竞争指数(Martin 和 EK，1984)(CI_4)、基于交角的林木竞争指数(惠刚盈等，2013)(CI_5)、Alemdag 竞争指数(Alemdag，1978)(CI_6)、A 值竞争指数(Pretzsch，2009)(CI_7)，各竞争指标的公式如下：

$$CI_1 = \sum_{j=1}^{n} \frac{d_j}{d_i \times L_{ij}} \tag{8-1}$$

$$CI_2 = \sum_{i=1}^{n} \frac{d_j^2}{d_i \times L_{ij}^2} \tag{8-2}$$

$$CI_3 = \frac{d_i}{d_m} \tag{8-3}$$

$$CI_4 = \sum_{j=1}^{n} \frac{d_j}{d_i} \exp\left(\frac{16L_{ij}}{d_i + d_j}\right) \tag{8-4}$$

$$CI_5 = \frac{1}{n} \sum_{j=1}^{n} \frac{(a_1 + a_2 \times c_{ij})}{180°} \times \frac{d_i}{d_j} \tag{8-5}$$

$$CI_6 = \sum_{j=1}^{n} \left\{ \pi \times \left(\frac{L_{ij} \times d_i}{d_i + d_j} \right)^2 \times \left[\frac{d_j/L_{ij}}{\sum_{j=1}^{n} (d_j/L_{ij})} \right] \right\} \tag{8-6}$$

$$CI_7 = \frac{H_i}{L_{ij}} \times \frac{d_j}{d_i} \tag{8-7}$$

（2）考虑林木竞争指标的林木高径比与胸径关系模型的构建

以典型中亚热带天然阔叶林第Ⅲ亚层林木高径比与胸径关系曲线拟合效果较好的指数函数为基础模型，对模型的构建方式进行多次尝试，选择拟合效果较好地四种模型形式，构建考虑了林木竞争指标的林木高径比与胸径关系模型，具体公式如下：

$$y = a\mathrm{e}^{bx} + cz \tag{8-8}$$

$$y = a\mathrm{e}^{(bx+cz)} \tag{8-9}$$

$$y = (a + cz)\,\mathrm{e}^{bx} \tag{8-10}$$

$$y = (a + c\ln z)\,\mathrm{e}^{bx} \tag{8-11}$$

式中：y 表示林木高径比的大小；x 表示胸径大小；z 表示各种林木竞争指标；a、b 和 c 是该模型的参数，其中 b 表示林木高径比在连续的径阶中减小的速率。选用均方根误差（$RMSE$）、决定系数（R^2）和平均绝对误差（AMR）等作为模型评价指标。

（3）Wilcoxon 符号秩检验

Wilcoxon 符号秩检验是检验成对数据是否有显著差异的非参数方法，可以检验成对观测数据之差是否来自均值为 0 的总体（产生数据的总体是否具有相同的均值），具体计算步骤如下：

①对 $i=1$，…，n，计算 $|X_i-C_0|$，它们代表这些样本点到 C_0 的距离。

②排序步骤①中的 n 个绝对值，并求出对应的 n 个秩，若有相同的样本点，则取平均秩。

③令 V_+ 等于 $X_i-C_0>0$ 的 $|X_i-C_0|$ 的秩的和，而 $V-$ 等于 $X_i-C_0<0$ 的 $|X_i-C_0|$ 的秩的和。

④对双边检验 H_0：$C=C_0<=>H_1$：$C\neq C_0$，当 V_+ 和 $V-$ 差异较大时，拒绝原假设。在此，取检验统计量 $V=V+$ 或 $V=V_-$。

⑤根据得到的 V 值，查 Wilcoxon 符号秩检验的分布表以得到在原假设下的 P 值。再通过 P 值大小判断是否拒绝或接受原假设。

8.3　从各亚层林木高径比平均值及差异性角度

中亚热带天然阔叶林各亚层林木高径比平均值差异显著性检验见表 8-1，由表可知各亚层林木高径比平均值排序为：第Ⅲ亚层>第Ⅱ亚层>第Ⅰ亚层或非受光层>受光层（第Ⅲ亚层），各亚层林木高径比平均值有极显著差异。各亚层林木株数密度见表 8-2，由表可知各亚层株数密度排序为：第Ⅲ亚层>第Ⅱ亚层>第Ⅰ亚层或非受光层>受光层（第Ⅲ亚层）。所处林层越高的林木，其竞争压力越小，所处林层越低的林木，其竞争压力越大。以上结果表明，竞争压力越大的林木其林木高径比越大，竞争压力越小的林木其林木高径比越小。

表 8-1　各亚层林木高径比平均值差异显著性检验
Tab. 8-1　Significance test of difference in the mean *HDR* among the stratum

样地号	第Ⅰ亚层	第Ⅱ亚层	受光层	第Ⅲ亚层(非受光层)
1	78.2±23.9A	101.4±23.1B	101.4±23.1B	116.2±24.7C
2	58.1±18.6A	82.2±22.1B	82.2±22.1B	107.4±29.4C
3	62.8±16.6A	77.7±24.6B	77.7±24.6B	114.0±27.6C
4	69.4±21.1A	97.8±36.9Bb	97.8±36.9Bb	112.0±28.0Bc
5	66.1±17.5A	85.9±23.6B	85.9±23.6B	114.0±27.5C
6	—	61.0±19.1A	61.0±19.1A	104.7±25.9B
7	—	64.0±19.6A	64.0±19.6A	114.1±25.1B
8	—	76.9±15.0A	76.9±15.0A	99.5±22.5B

表 8-2　各亚层林木株数密度
Tab. 8-2　The stems of each stratum

样地号	株数(株/hm²)			
	第Ⅰ亚层	第Ⅱ亚层	受光层	第Ⅲ亚层(非受光层)
1	180	160	340	780
2	92	188	280	632
3	100	156	256	804
4	208	88	296	736
5	108	176	284	736
6	—	184	184	358
7	—	616	616	592
8	—	431	431	1 444

8.4　从受光层林木高径比与胸径关系角度

　　中亚热带天然阔叶林各亚层林木高径比与胸径关系曲线拟合结果见表8-3，由表可知，第Ⅰ亚层、第Ⅱ亚层以及受光层的林木高径比与胸径关系曲线的拟合效果较好，R^2 分别为 0.852~0.937、0.830~0.968 和 0.727~0.873。典型中亚热带天然阔叶林分层示意图(参照现实林分绘制)如图8-2所示，由图8-2可以看出第Ⅰ亚层、第Ⅱ亚层和受光层林木都能接受到垂直光照，基本没有来自上层林木的垂直竞争压力，只有来自受光层林木的水平竞争压力，且第Ⅰ亚层、第Ⅱ亚层和受光层林木株数相对较少、分布相对均匀，其林木间的竞争压力相对较为一致。以上结果表明，林木间的竞争压力相对较为一致，其林木高径比与胸径关系曲线的拟合效果较好。

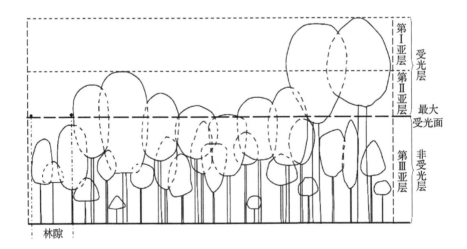

图 8-2　典型中亚热带天然阔叶林分层示意图
Fig. 8-2　Layers sketch of typical natural broad-leaved forest
in mid-subtropical zone

表 8-3　各亚层林木高径比与胸径关系曲线拟合结果

Tab. 8-3　Fitting results of the relationship curve between *HDR* and *DBH* in each stratum

标准地号	层属	株数（株/hm²）	评价指标					
			指数函数			双曲线函数		
			R^2	RMSE	AMR	R^2	RMSE	AMR
1	第 I 亚层	180	0.906	7.48	5.91	0.930	6.46	4.68
	第 II 亚层	160	0.830	9.78	8.06	0.856	9.01	7.12
	第 III 亚层	780	0.217	21.95	17.94	0.201	22.17	18.07
2	第 I 亚层	92	0.893	6.38	4.33	0.924	5.35	4.31
	第 II 亚层	188	0.878	7.90	6.39	0.914	6.62	5.11
	第 III 亚层	632	0.356	23.75	17.84	0.341	24.04	18.26
3	第 I 亚层	100	0.862	6.45	5.23	0.909	5.25	4.18
	第 II 亚层	156	0.875	8.95	6.82	0.916	7.34	5.77
	第 III 亚层	804	0.359	22.23	16.99	0.326	22.79	17.94
4	第 I 亚层	208	0.905	6.63	5.48	0.937	5.39	4.38
	第 II 亚层	88	0.914	11.35	9.40	0.968	6.88	5.63
	第 III 亚层	736	0.399	21.83	16.35	0.350	22.72	17.68
5	第 I 亚层	108	0.852	7.00	5.12	0.874	6.46	4.46
	第 II 亚层	176	0.890	7.99	6.31	0.897	7.75	6.20
	第 III 亚层	736	0.202	24.69	19.72	0.186	24.94	19.93
6	受光层	184	0.857	7.34	5.41	0.873	6.91	5.15
	非受光层	658	0.372	21.09	15.70	0.318	21.98	16.56
7	受光层	616	0.870	7.21	5.59	0.779	9.42	7.73
	非受光层	592	0.312	21.06	15.51	0.321	20.91	15.51
8	受光层	431	0.757	7.51	553	0.727	7.96	6.26
	非受光层	1 444	0.247	19.83	14.62	0.260	19.67	14.82

8.5　从非受光层林木高径比与胸径关系角度

　　各亚层林木高径比与胸径关系曲线拟合结果见表 8-3，由表可知，与第 I 亚层、第 II 亚层和受光层相比，非受光层（第 III 亚层）的拟合效果较差（R^2 为 0.186~0.399）。典型中亚热带天然阔叶林分层示意图（参照现实林分绘制）如图 8-2 所示，由图 8-2 可以看出第 III 亚层林木（林隙除外）都不能接受到垂直的光照，除了有来自同层林木的水平竞争压力，还有来自上层林木不同程度的垂直竞争压力，且第 III 亚层林木株数远远多于第 I 亚层和第 II 亚层，其林木间的竞争压力相对较大且可能极不一致。以上研究表明，林木间的竞争压力极不一致，其林木高径比与胸径关系曲线的拟合效果也较差。

　　为了提高非受光层（第 III 亚层）林木高径比与胸径关系曲线的拟合效果，尝试在其关系曲线中加入多种常规的林木竞争指标，其结果见表 8-4，由表可知加入林木竞争指标后，模型的拟合效果未有实质性的改变，仅稍好于原模型（相对于其他林木竞争指标，CI_5 对模型拟合效果的提升相对更明显）。其原因是目前的林木竞争指标极少考虑来自上层林木的垂直竞争压力。以上结果反映出，中亚热带天然阔叶林第 III 亚层林木间的竞争压力较为复杂，其竞争压力可能无法用现有的林木竞争指标反映。

　　为了研究林木高径比预估值与真实值之间存在偏差的原因，在主要树种非受光层的林木中筛选出林木高径比偏差值较大（大于 25）的林木（不包括边界木）共有 92 株，再根据样木位置图（包含样木树高和林层等信息）与林木树冠投影图综合判断每株林木受光的情况。主要树种非受光层林木高径比偏差与

表 8-4　考虑林木竞争指标的第Ⅲ亚层林木高径比与胸径关系曲线评价指标(R^2)

Tab. 8-4　Evaluation index of relation curve between *HDR* and

***DBH* of stratum Ⅲ considering *CI*(R^2)**

模型形式	各样地	考虑的林木竞争指标							
		CI_0	CI_1	CI_2	CI_3	CI_4	CI_5	CI_6	CI_7
	1	0.219	0.219	0.223	0.226	0.229	0.277	0.242	0.219
	2	0.443	0.446	0.443	0.448	0.446	0.462	0.446	0.458
式(8-1)	3	0.363	0.364	0.363	0.364	0.363	0.436	0.385	0.363
	4	0.509	0.514	0.510	0.509	0.541	0.531	0.510	0.516
	5	0.198	0.224	0.204	0.223	0.199	0.300	0.200	0.200
	1	0.219	0.220	0.223	0.228	0.229	0.277	0.246	0.219
	2	0.443	0.446	0.443	0.447	0.446	0.465	0.445	0.457
式(8-2)	3	0.363	0.363	0.363	0.363	0.363	0.443	0.394	0.363
	4	0.509	0.515	0.511	0.509	0.543	0.526	0.509	0.518
	5	0.198	0.226	0.206	0.230	0.198	0.301	0.200	0.201
	1	0.219	0.220	0.223	0.228	0.229	0.277	0.245	0.219
	2	0.443	0.446	0.443	0.447	0.446	0.464	0.445	0.457
式(8-3)	3	0.363	0.363	0.363	0.363	0.363	0.444	0.391	0.363
	4	0.509	0.515	0.511	0.509	0.542	0.525	0.509	0.518
	5	0.198	0.225	0.205	0.232	0.198	0.301	0.200	0.201
	1	0.219	0.220	0.220	0.225	0.241	0.277	0.254	0.219
	2	0.443	0.444	0.443	0.448	0.453	0.469	0.446	0.463
式(8-4)	3	0.363	0.364	0.369	0.363	0.376	0.441	0.419	0.363
	4	0.509	0.513	0.511	0.509	0.531	0.527	0.509	0.522
	5	0.198	0.226	0.225	0.250	0.199	0.300	0.202	0.215

注：由于 R^2 与 *RMSE* 及 *AMR* 的表现一致，因此表中仅列出评价指标 R^2；表中 CI_0 指未考虑林木竞争指标的情况，CI_1 是指 Hegyi 竞争指数，CI_2 是指张跃西单木竞争指数，CI_3 是指与距离无关的单木竞争指标(相对直径)，CI_4 是指 Martin 竞争指数，CI_5 是指基于交角的林木竞争指数，CI_6 是指 Alemdag 竞争指数，CI_7 是指 A 值竞争指数。

其林木受光情况的关系结果见表 8-5，由表可知，林木高径比预估值与真实值之间存在偏差是因为林木的受光情况不同，林木越不容易接受到光照，林木高径比越高。主要树种非受光层林木受光情况与其林木竞争指标的关系见表 8-6，由表可知，林木受光情况不同的林木在林木竞争指数上无显著差异，现有的林木竞争指标可能无法反映林木受光情况。以上结果表明，中亚热带天然阔叶林的林木竞争压力越大（林木越不容易接受到光照），林木高径比越大。

表 8-5　主要树种第Ⅲ亚层林木高径比偏差与其林木受光情况的关系

Table 8-5　Relationship between the deviation of *HDR* of main tree species in the stratum Ⅲ and their light exposure

偏差		株数	林木受光情况
正负	绝对值		
正	>25	46	不容易
负	>25	46	容易

注：偏差是指林木高径比的真实值与预估值之差；"不容易"是指光照完全（或几乎完全）被更高的林木遮挡；"容易"是指光照未被（或几乎未被）更高的林木遮挡。

表 8-6　主要树种第Ⅲ亚层林木受光情况与其林木竞争指标的关系

Table 8-6　Relationship between light exposure of main tree species in stratum Ⅲ and tree competition index

林木受光情况	株数	林木竞争指标		
		平均值	最小	最大
不容易	46	7.51±5.00A	1.96	30.83
容易	46	6.98±3.90A	1.88	21.57

注：表中展示的林木竞争指数是 Hegyi 竞争指标，其他林木竞争指标的表现与其基本一致；表中相同大写字母代表不同林木受光情况的 Hegyi 竞争指标无显著差异。

8.6　从单木水平(解析木)林木高径比与年龄关系角度

相同树种处于不同竞争环境时其林木高径比随年龄的变化图如图 8-3 所示。图中人工林个体与天然林个体在竞争环境上存在较大差异，人工林个体因株行距、年龄等均一致，其在生长过程中所受到的林木竞争压力较为一致，其林木高径比也较为一致；而天然林个体在年龄较小时受到的林木竞争压力较大(同时受到来自周围林木在垂直和水平方向上不同程度的竞争压力)，其林木高径比在年龄较小时较大。

8.7　从模拟林分与环境条件一致情景下林木高径比特征角度

由于中亚热带天然阔叶林结构复杂，无法模拟林分与环境条件一致的情景来探讨林木高径比与林木竞争压力的关系。为了进一步研究林木高径比与林木竞争压力是否存在密切关系，模拟只有竞争压力不同、其他林分与环境条件(包括气候、立地、树种、年龄、林分密度和经营历史等)都一致的情景，所以，以下研究选用人工杉木同龄纯林共 98 块样地的优势木和平均木林木高径比数据。

林木处于不同竞争压力时的林木高径比平均值及分布范围见表 8-7，优势木与平均木林木高径比的对比图如图 8-1 所示，由表和图可知，平均木的林木高径比均明显大于优势木的林木高径比。优势木与平均木林木高径比的差异性结果见表 8-8，

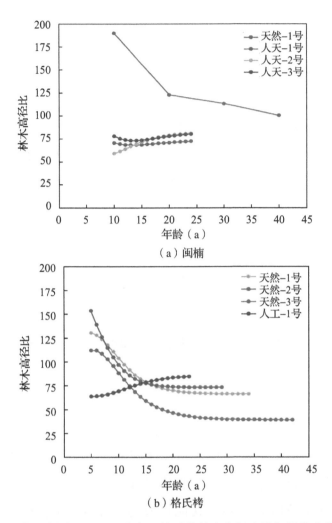

图 8-3   相同树种处于不同竞争环境时其林木高径比随年龄的变化图[①]

Fig. 8-3   The variation of HDR of the same tree species in different competitive environments with age

(图中天然闽楠来源于典型林分，天然格氏栲来源于次典型林分)

由表可知单层同龄纯林内优势木与平均木林木高径比之间有极显著差异，说明林木高径比与林木竞争压力有密切关系。不同初植密度、立地条件和年龄阶段时林木高径比(或胸径，或树高)的差异显著性检验结果分别见表 8-9、表 8-10 和表 8-11，由表可知，对于林木高径比(当样本量大于 10 时)，其在不同初植密度、立地条件和年龄阶段时均无显著差异；而对于胸径和树高(当样本量大于 10 时)，其在不同初植密度(树高除外)、立地条件和年龄阶段时有相对较多的显著差异或极显著差异。

表 8-7　林木处于不同竞争压力时的林木高径比平均值及分布范围
Tab. 8-7　The average *HDR* and its distribution range
of trees under different competitive pressures

解析木状态	林木高径比			
	平均值	最小	最大值	标准差
优势木	86	67.7	121.4	9.5
平均木	99.9	74.1	132.3	12.6

以上结果说明，在林分与环境条件一致的情景下，林木高径比与林木竞争压力有密切关系，林木竞争压力越大，其林木高径比越大；与胸径及树高相比，林木高径比更不容易受到其他因素的影响，更适合用于反映林木竞争压力。

表 8-8　优势木与平均木林木高径比的差异性
Tab. 8-8　Difference of height/diameter ratio between dominant trees
and average trees

年龄阶段 (a)	样本量	林木高径比平均值		*P* 值
		优势木	平均木	
1~10	22	77.1	89.2	0.000**
11~20	49	85.1	97.2	0.000**
21~30	27	88.4	104.0	0.000**
1~30	98	84.2	97.3	0.000**

注：表中 *P* 值为 Wilcoxon 符号秩检验 *P* 值，＊＊表示结果有极显著差异。

表 8-9　不同初植密度林木高径比(或胸径、树高)的差异显著性检验

Tab. 8-9　Significantly testing the difference in *HDR*(or diameter at breast height or tree height) under different initial planting density

年龄阶段(a)	立地条件	林木竞争压力状态	样本量	林木高径比 平均值	P 值	胸径 平均值(cm)	P 值	树高 平均值(m)	P 值
	A	平均木 Average tree	9	91.2	0.084*	9.6	0.506*	8.7	0.503*
	A	优势木 Dominant tree	9	78.4	0.566*	13.1	0.241*	10.2	0.299*
6~10	B	平均木 Average tree	8	88.9	0.799*	7.8	0.247*	6.9	0.205*
	B	优势木 Dominant tree	8	76.7	0.535*	11.4	0.189*	8.8	0.239*
	A	平均木 Average tree	10	96.3	0.214*	13.4	0.266*	12.9	0.600*
11~15	A	优势木 Dominant tree	10	89.2	0.057*	16.9	0.641*	15	0.625*
	B	平均木 Average tree	17	97.3	0.168*	11.2	0.029	10.7	0.231*
11~15	B	优势木 Dominant tree	17	83.5	0.327*	15.1	0.458*	12.6	0.757*

注：表中仅列出杉木样本量大于 5 的结果，表中 * 表示初植密度对林木高径比(或胸径，或树高)无显著影响，表中 P 值为 kruskal-wallis 检验 P 值，立地条件 A 表示地位指数高于 16，立地条件 B 表示立地指数为 12~16。

表 8-10　不同年龄林木高径比(或胸径,或树高)的差异显著性检验

Tab. 8-10　Significantly testing the difference in *HDR*(or diameter at breast height or tree height) under different ages

密度等级	立地条件	林木竞争压力状态	样本量	林木高径比		胸径		树高	
				平均值	P 值	平均值(cm)	P 值	平均值(m)	P 值
A	A	平均木 Average tree	12	95.9	0.150*	14.7	0.217*	14.2	0.072*
	A	优势木 Dominant tree	12	85.7	0.274*	19.2	0.047	16.5	0.057*
	B	平均木 Average tree	13	90.5	0.395*	13.8	0.075*	12.4	0.085*
	B	优势木 Dominant tree	13	78.4	0.628*	18.3	0.063*	14.3	0.048
B	A	平均木 Average tree	12	100.2	0.084*	13.0	0.084*	13.2	0.116*
	A	优势木 Dominant tree	12	88.4	0.053*	17.7	0.047	15.8	0.055*
	B	平均木 Average tree	18	100.0	0.071*	11.4	0.082*	11.4	0.038
	B	优势木 Dominant tree	18	84.6	0.125*	15.7	0.020	13.3	0.008
	C	平均木 Average tree	8	86.4	0.389*	9.4	0.883*	8.1	0.932*
	C	优势木 Dominant tree	8	75.7	0.574*	13.4	0.955*	10.2	0.895*
C	A	平均木 Average tree	7	98.1	0.243*	10.2	0.140*	10.0	0.145*
	A	优势木 Dominant tree	7	82.8	0.145*	14.4	0.145*	12.0	0.145*

　　注:表中仅列出样本量大于 5 的结果,表中以杉木数据为例,表中 * 表示年龄对林木高径比(或胸径,或树高)无显著影响,密度等级 A 级为 750~1650 株/hm²,B 级为 1650~2550 株/hm²,C 级为大于 2 550 株/hm²;立地条件 A 指地位指数高于 16,立地条件 B 指立地指数为 12~16,立地条件 C 指地位指数小于 12。

表8-11 不同立地条件林木高径比(或胸径, 或树高)的差异显著性检验

Tab. 8-11 **Significantly testing the difference in HDR**(or diameter at breast height or tree height)**under different site conditions**

密度等级	年龄阶段(a)	林木竞争压力状态	样本量	林木高径比		胸径		树高	
				平均值	P值	平均值(cm)	P值	平均值(m)	P值
A	11~15	平均木 Average tree	9	90.1	0.566*	12.7	0.216*	11.4	0.040
	11~15	优势木 Dominant tree	9	81.8	0.278*	16.0	0.241*	13.1	0.041
	16~20	平均木 Average tree	6	90.6	0.355*	15.4	0.159*	13.9	0.064*
	16~20	优势木 Dominant tree	6	79.8	0.165*	20.1	0.064*	16.0	0.064*
B	21~25	平均木 Average tree	9	103.2	0.041	11.5	0.165*	12.0	0.067*
	21~25	优势木 Dominant tree	9	87.1	0.103*	16.3	0.165*	14.3	0.052*
C	6~10	平均木 Average tree	13	92.2	0.080*	8.1	0.038	7.5	0.008
	6~10	优势木 Dominant tree	13	78.8	0.908*	11.7	0.038	9.2	0.021
	11~15	平均木 Average tree	6	99.2	0.143*	10.1	0.3723*	10.0	0.770*
	11~15	优势木 Dominant tree	6	86.1	0.768*	14.9	0.380*	12.8	0.770*

注: 表中仅列出杉木样本量大于5的结果, *表示立地条件对林木高径比(或胸径, 或树高)无显著影响。

8.8 讨　论

本研究从模拟林分与环境条件一致的情景角度表明, 林木

竞争压力越大，林木高径比越大。对比 Sharma et al. (2016)对捷克不同地区的挪威云杉和欧洲山毛榉的研究，Sharma et al. (2016)的研究未控制其他变量均一致，因此只能反映林木高径比与林木竞争指标在数值上有正相关关系，但并不能说明这两个变量之间有直接的因果关系；而本研究的结果是在模拟只有竞争压力不同、其他林分与环境条件都一致的情景下得出的，分析了在立地条件和经营措施体系(包括林地清理、整地、种苗来源、造林年度、造林密度、造林方式、幼林抚育和抚育间伐等经营措施)皆相同的同一杉木人工林样地中，其优势木与平均木林木高径比的差异是源于林木竞争压力的差异，反映的是林木高径比与林木竞争压力的直接关系。

本研究中 11-2、21-6 和 29-1 号数据的优势木林木高径比只略高于平均木林木高径比，其原因是其优势木与平均木在林木竞争压力上的差异较小。本研究中在第Ⅲ亚层林木高径比与胸径关系模型中加入常规的林木竞争指标后，模型的拟合效果未有实质性的改变，其原因是目前现有的林木竞争指标通常只考虑来自水平方向的竞争压力，很少考虑来自垂直方向上的竞争压力(特别是来自受光层林木垂直方向上的竞争压力)，这个压力应如何表达有待进一步研究。

8.9　小　结

综合从各亚层林木高径比平均值及差异性、受光层林木高径比与胸径关系、非受光层林木高径比与胸径关系、单木水平(解析木)林木高径比与年龄关系和模拟林分与环境条件一致情景下林木高径比特征等角度的研究结果表明，中亚热带天然阔叶林林木高径比与林木竞争压力的关系非常密切；林木竞争压力越大，其林木高径比越大；林木高径比可作为表征林木竞争压力的指标。

第9章　天然马尾松林林木高径比特征

作为中亚热带天然阔叶林林木高径比特征的拓展内容，本章进一步探讨中亚热带天然马尾松林林木高径比特征，旨在揭示可以划分3个亚层的典型天然马尾松林林木高径比特征，验证其是否与可以划分3个亚层的典型中亚热带天然阔叶林的一致。

马尾松（*Pinus massoniana*）是我国东部湿润亚热带地区分布最广、资源最丰富的针叶树种之一；天然马尾松林是地带性常绿阔叶林遭受长期的人为干扰或破坏后经逆行演替而形成的次生性群落，或在灌丛、灌丛草地、草地或裸地上经正向演替而形成的次生性群落，多以针阔混交形式存在（周政贤，2000）。

9.1　数据整理

研究对象典型天然马尾松林位于三明格氏栲省级自然保护区。三明格氏栲省级自然保护区除了保护起源于抛荒的毛竹林和油茶林等林地的典型格氏栲单优群落（林竞成，1980）外，还保护了起源与演替时间基本一致的典型天然马尾松林。

在研究对象代表性地段设置2个典型天然马尾松林样地（9~10号），样地面积均为 50 m×50 m，样地设置与调查方法同

"2.2.1 样地设置与调查"。为进一步从林分水平探讨林木高径比特征，将9号样地和10号样地合并，形成11号样地。在11号样地中筛选出马尾松林木的数据，用于从树种（种群）水平分析马尾松林木高径比特征。各典型天然马尾松林样地概况见表9-1。

表 9-1　天然马尾松林样地概况

Tab. 9-1　General situation of sample plots of natural *Pinus massoniana* forest

研究对象	种丰富度	胸径（cm）			树高（m）			密度（株/hm²）	蓄积量（m³/hm²）
		最小值	平均值	最大值	最小值	平均值	最大值		
9 号样地	18	5.0	33.2	72.3	4.5	25.6	40.8	612	569.0
10 号样地	14	5.1	25.7	58.6	4.9	25.9	37.8	964	555.6
11 号样地	21	5.0	28.8	72.3	4.5	25.7	40.8	788	562.3
马尾松林木	1	15.9	37.6	69	15.0	28.8	40.8	194	267.8

9.2　研究方法

运用林木高径比平均值、标准差、变异系数、Mann-Whitney U 检验、偏度、峰度、正态分布函数和 Weibull 分布函数、χ^2 检验法、Spearman 秩相关系数、指数函数、双曲线函数、均方根误差（$RMSE$）、相对均方根误差（$RMSE\%$）和决定系数（R^2）等方法或指标，分析典型天然马尾松林林木高径比特征，包括各林层林木高径比的变化及差异性、各林层林木高径比分布规律、各林层林木高径比与胸径及树高的关系。

9.3　各林层林木高径比的变化及差异性

典型天然马尾松林各林层(包括全林和各亚层)林木高径比的变化及差异性结果见表 9-2。全林分林木高径比在 31.5~212.8 的范围内变动，林木高径比在各亚层(包括第Ⅰ亚层、第Ⅱ亚层、第Ⅲ亚层、受光层和非受光层)随亚层高度下降而增大，第Ⅰ亚层林木高径比在 37.5~149.1 的范围内变动，第Ⅱ亚层林木高径比在 31.5~175.0 的范围内变动，第Ⅲ亚层(非受光层)林木高径比在 34.8~212.8 的范围内变动，受光层林木高径比在 31.5~175.0 的范围内变动；马尾松林木林木高径比在 38.4~155.3 的范围内变动。除 9 号样地的第Ⅰ亚层与第Ⅱ亚层之间外，各亚层之间(包括第Ⅰ亚层、第Ⅱ亚层和第Ⅲ亚层之间以及受光层和非受光层之间)林木高径比平均值均有极显著差异($P<0.01$)或显著差异($P<0.05$)；马尾松林木高径比平均值在各亚层之间也均有极显著差异($P<0.01$)。因此，有必要分亚层来探讨典型天然马尾松林林木高径比特征。

9.4　各林层林木高径比分布规律曲线

典型天然马尾松林各林层林木高径比分布特征结果见表 9-3。各林层林木高径比分布呈单峰有偏分布且较为接近正态分布；正态分布函数和 Weibull 分布函数对各林层林木高径比分布的拟合效果均不理想，其结果多数不通过卡方检验；各林层林木高径比分布为右偏(偏度基本大于 0)；各林层林木高径比分布相对较为集中(峰度基本为正值)。马尾松林木林木高径比

表 9-2　各林层林木高径比的变化及差异性

Tab. 9-2　Variation and difference of *HDR* in each stratum

研究对象	层属	林木高径比					胸径分布范围（cm）
		样本数	分布范围	平均值	标准差	变异系数（%）	
9 号样地	S	153	31.5~212.8	84.3	29.9	35.5	5.0~72.3
	I	36	37.5~104.3	72.5A	16.8	23.2	25.6~72.3
	II	62	31.5~155.3	74.1A	28.9	39.0	13.2~71.5
	III	55	34.8~212.8	103.4B	28.1	27.2	5.0~46.0
	L	98	31.5~155.3	73.5	25.2	34.3	13.2~72.3
10 号样地	S	241	46.9~175.0	94.4	23.5	24.9	5.1~58.6
	I	51	46.9~149.1	80.5A	17.7	22.0	21.2~58.6
	II	113	54.7~175.0	95.4Bb	21.7	22.7	10.0~44.0
	III	77	55.1~173.9	102.0Bc	25.4	24.9	5.1~22.2
	L	164	46.9~175.0	90.8	21.6	23.8	10.0~58.6
11 号样地	S	394	31.5~212.8	90.4	26.6	29.4	5.0~72.3
	I	87	37.5~149.1	77.2A	17.7	22.9	21.2~72.3
	II	175	31.5~175.0	87.9B	26.5	30.1	10.0~71.5
	III	132	34.8~212.8	102.6C	26.6	25.9	5.0~46.0
	L	262	31.5~175.0	84.3	24.5	29.1	10.0~72.3
马尾松林木	S(L)	92	38.4~155.3	81.0	19.6	24.2	15.9~69.0
	I	73	38.4~149.1	79.2A	17.0	21.5	21.2~69.0
	II	19	53.7~155.3	88.1B	26.1	29.6	15.9~39.5

注：表格中 S、I、II、III 分别表示全林分、第 I 亚层、第 II 亚层和第 III 亚层；L 表示受光层（包括第 I 亚层和第 II 亚层）。下同。表格中同一群落类型内不同亚间在 0.01 水平上的差异显著性运用不同大写字母表示，同一群落类型内不同亚间在 0.05 水平上的差异显著性运用不同小写字母表示，各群落类型间不进行差异显著性检验。

表 9-3　各林层林木高径比分布特征

Tab. 9-3　*HDR* distributionin characteristic in each stratum

研究对象	层属	偏度	峰度	正态分布			Weibull 分布函数			
				参数		卡方值	参数			卡方值
				μ	σ	χ^2	a	b	c	χ^2
9 号样地	S	0.69	1.14	83.856	30.003	12.994	29.9	61.554	1.935	9.283*
	I	-0.25	-0.43	77.667	15.946	4.854*	39.9	37.792	2.598	2.544*
	II	0.80	0.10	73.710	29.154	10.861	29.9	49.783	1.620	3.763*
	III	0.72	3.35	103.273	28.418	10.039	29.9	83.392	2.887	10.839
	L	0.77	0.66	72.959	25.045	9.189*	29.9	48.976	1.849	2.667*
10 号样地	S	0.34	-1.03	94.689	23.594	15.192	49.9	51.402	2.089	15.004
	I	1.40	3.60	80.784	18.204	11.536	49.9	37.091	2.073	13.624
	II	0.73	1.22	95.841	22.149	8.269	49.9	52.205	2.237	6.397
	III	0.29	-0.17	102.208	25.059	6.518*	59.9	51.688	2.139	29.892
	L	0.85	1.25	91.159	22.082	14.172	49.9	47.743	2.098	12.633
11 号样地	S	0.52	0.89	90.482	26.759	9.958*	29.9	68.497	2.432	9.875*
	I	0.73	2.48	77.011	17.792	6.701	39.9	42.718	2.338	8.026
	II	0.28	0.20	88.000	26.952	16.371	29.9	65.712	2.312	17.819
	III	0.49	1.59	102.652	26.410	9.212*	29.9	81.815	3.018	10.590
	L	0.51	0.64	84.351	24.809	16.565	29.9	61.520	2.341	13.997
马尾松林木	S(L)	1.24	3.01	80.870	20.310	10.885	39.9	46.710	2.186	9.652
	I	1.00	3.34	78.904	17.445	8.400	39.9	44.424	2.438	7.945
	II	1.11	1.01	88.421	28.139	1.667*	49.9	45.502	1.615	0.833*

注：* 表示服从假设分布。

分布在各林层呈单峰有偏分布且较为接近正态分布，正态分布函数和 Weibull 分布函数对其拟合效果较不理想。为了便于同典型中亚热带天然阔叶林比较，同样运用正态分布函数拟合各林层林木高径比分布，结果如图 9-1 所示。

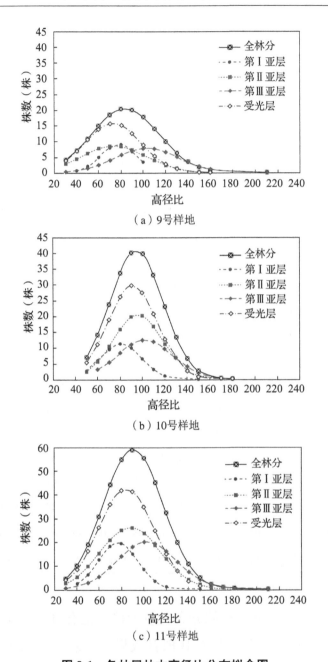

图 9-1　各林层林木高径比分布拟合图

Fig. 9-1　Fitting curves of *HDR* distribution in each stratum

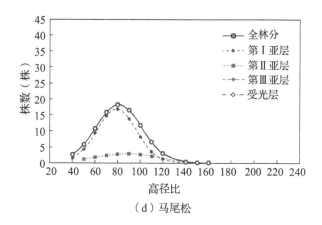

图 9-1　各林层林木高径比分布拟合图（续）

9.5　各林层林木高径比与胸径及树高的关系曲线

典型天然马尾松林各林层林木高径比与胸径关系散点图如图 9-2 所示，与树高关系散点图如图 9-3 所示。典型天然马尾松林林木高径比与胸径关系在各林层均表现出明显的负相关；林木高径比与树高的关系在各林层表现出一定的差异性，全林分表现出较明显的负相关，但第Ⅱ亚层、第Ⅲ亚层和受光层为弱负相关，而第Ⅰ亚层则无明显的相关性。马尾松林木各林层林木高径比与胸径也呈现明显的负相关；马尾松林木各林层林木高径比与树高的关系也有所差异。

典型天然马尾松林各林层林木高径比与胸径及树高的相关性分析结果见表 9-4，林木高径比与胸径在各林层均呈现极显著负相关且相关系数较高，相关系数绝对值由高到低排序依次为：第Ⅱ亚层（0.914~0.955）>第Ⅰ亚层（0.886~0.933）>受光层（0.855~0.874）>全林分（0.660~0.838）>第Ⅲ亚层（0.491~0.692）；林木高径比与树高的关系在各林层有所差异且相关系

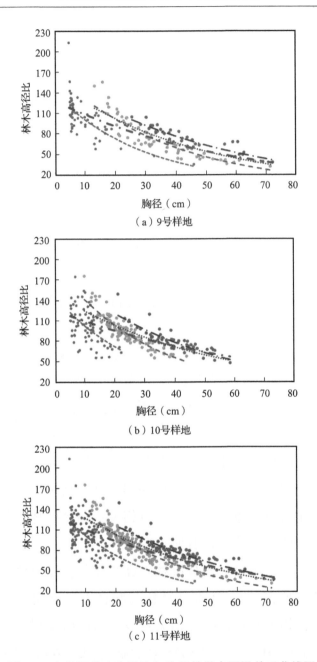

图 9-2　各林层林木高径比与胸径的散点图及关系曲线图

Fig. 9-2　**Scatter diagram and fitting curve of _HDR_ and _DBH_ in each stratum**

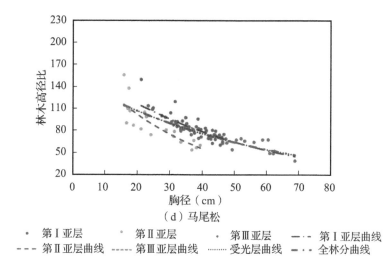

（d）马尾松

- 第 I 亚层　　　　· 第 II 亚层　　　　· 第 III 亚层　　　— · — 第 I 亚层曲线
- - - 第 II 亚层曲线　　----- 第 III 亚层曲线　　……… 受光层曲线　　— · · 全林分曲线

图 9-2　各林层林木高径比与胸径的散点图及关系曲线图(续)

（a）9号样地

图 9-3　各林层林木高径比与树高散点图

Fig. 9-3　Scatter diagram of *HDR* and tree height in each stratum

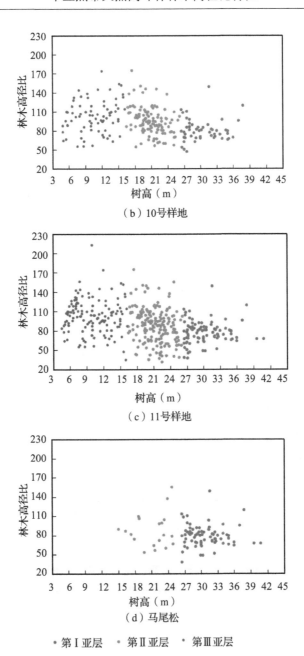

（b）10号样地

（c）11号样地

（d）马尾松

· 第Ⅰ亚层　· 第Ⅱ亚层　· 第Ⅲ亚层

图9-3　各林层林木高径比与树高散点图（续）

扫查彩图

表 9-4　各林层林木高径比与胸径及树高的相关性

Tab. 9-4　Correlation of HDR in each stratum with DBH and tree height

研究对象	HDR 与胸径的相关系数					HDR 与树高的相关系数				
	S	I	II	III	L	S	I	II	III	L
9 号样地	-0.838**	-0.933**	-0.955**	-0.692**	-0.855**	-0.441**	0.082	0.052	-0.271*	0.078
10 号样地	-0.660**	-0.886**	-0.914**	-0.491**	-0.866**	-0.357**	-0.013	-0.362**	0.224*	-0.456**
11 号样地	-0.744**	-0.909**	-0.938**	-0.579	-0.874**	-0.404**	0.034	-0.242**	-0.024	-0.288**
马尾松林木	-0.819**	-0.914**	-0.898**	—	—	-0.152	-0.122	0.044	—	—

注: ** 和 * 分别表示显著相关和极显著相关。

表 9-5　各函数参数结果和评价指标

Tab. 9-5　Parameters and evaluation indicators of each equation

研究对象	层属	指数函数					双曲线函数				
		参数		评价指标			参数		评价指标		
		a	b	R^2	RMSE	RMSE%	a	b	R^2	RMSE	RMSE%
9 号样地	S	129.5	-0.01692	0.640	18.08	21.45	60.36	361.4	0.502	21.27	25.23
	I	165.1	-0.01933	0.855	6.59	9.09	11.52	2497.6	0.856	6.57	9.06
	II	203.9	-0.03207	0.867	10.73	14.48	5.15	2031.5	0.902	9.20	12.42
	III	144.7	-0.03564	0.490	20.47	19.80	56.74	359.3	0.487	20.53	19.85
	L	172.5	-0.02394	0.755	12.59	17.13	18.25	1815.5	0.786	11.78	16.03

（续）

研究对象	层属	指数函数					双曲线函数				
		参数		评价指标			参数		评价指标		
		a	b	R^2	RMSE	RMSE%	a	b	R^2	RMSE	RMSE%
10号样地	S	128.3	-0.01408	0.414	18.07	10.58	75.29	313.4	0.277	20.07	9.75
	I	201.0	-0.02375	0.776	8.52	9.30	13.72	2503.8	0.810	7.85	8.50
	II	206.7	-0.03427	0.835	8.87	21.65	26.25	1487.5	0.862	8.11	22.82
	III	144.2	-0.03225	0.265	22.08	20.14	73.54	272.4	0.183	23.28	23.60
	L	161.2	-0.02116	0.683	12.26	10.27	39.67	1267.0	0.764	10.57	9.52
11号样地	S	129.9	-0.01562	0.535	18.21	10.97	69.37	334.9	0.362	21.33	10.43
	I	186.2	-0.02195	0.805	7.93	20.78	12.01	2532.5	0.832	7.35	21.77
	II	200.9	-0.03249	0.869	9.64	14.70	17.09	1683.2	0.882	9.17	13.80
	III	143.9	-0.03313	0.367	21.32	9.09	67.57	304.3	0.305	22.34	9.06
	L	166.0	-0.02470	0.746	12.39	14.48	30.89	1458.4	0.776	11.63	12.42
马尾松林木	S(L)	155.5	-0.01787	0.629	12.04	14.86	37.72	1473.4	0.607	12.38	15.28
	I	185.1	-0.02145	0.788	7.93	10.01	14.92	2467.9	0.828	7.14	9.02
	II	200.7	-0.03299	0.691	15.36	17.43	14.39	1743.8	0.712	14.82	16.82

数绝对值相对较低，全林分表现为极显著负相关(相关系数绝对值为0.357~0.441)，第Ⅰ亚层有2个表现为弱正相关(无显著)、有1个表现为弱负相关(无显著)，第Ⅱ亚层有2个表现为负相关(极显著)、有1个表现为弱正相关(无显著)，第Ⅲ亚层有1个表现为负相关(显著)、有1个表现为正相关(显著)、有1个表现为弱负相关(无显著)，受光层有2个负相关(极显著)和1个弱正相关(无显著)；各林层林木高径比特征可以采用各林层林木高径比与胸径的关系曲线来表达。马尾松林木各林层林木高径比与胸径呈现极显著负相关且相关系数较高(0.819~0.914)，与树高基本无相关，马尾松林木各林层林木高径比特征可以采用马尾松林木各林层林木高径比与胸径的关系曲线来表达。

　　典型天然马尾松林各林层林木高径比与胸径关系曲线的评价结果见表9-5。运用指数函数和双曲线函数拟合第Ⅰ亚层(R^2分别为0.776~0.855和0.810~0.856)、第Ⅱ亚层(R^2分别为0.835~0.869和0.862~0.902)和受光层(R^2分别为0.683~0.755和0.764~0.786)效果均较好，而拟合全林分(R^2分别为0.414~0.640和0.277~0.502)和第Ⅲ亚层(R^2分别为0.265~0.490和0.183~0.487)的效果相对较差。受光层、第Ⅰ亚层和第Ⅱ亚层运用指数函数拟合的效果更好(R^2相对更高，RMSE和RMSE%相对更小)，而全林和第Ⅲ亚层更适合运用双曲线函数进行拟合。马尾松林木高径比与胸径关系曲线的拟合在第Ⅰ亚层和第Ⅱ亚层的表现较好(R^2分别为0.788~0.828和0.691~0.712)且运用指数函数拟合的效果更好，在全林的拟合效果相对较差(R^2为0.607~0.629)但运用双曲线函数拟合的效果更好。各林层关系曲线拟合结果如图9-2

所示。

9.6　与典型中亚热带天然阔叶林的比较

与典型中亚热带天然阔叶林相比,典型天然马尾松林各林层(包括全林分、第Ⅰ亚层、第Ⅱ亚层、第Ⅲ亚层、受光层和非受光层)林木高径比的差异性与典型中亚热带天然阔叶林一致;典型天然马尾松林各林层林木高径比分布规律与典型中亚热带天然阔叶林的基本一致,虽然典型天然马尾松林各林层林木高径比分布多数不满足正态分布,但已较为接近正态分布;典型天然马尾松林各林层林木高径比与胸径及树高的关系与典型中亚热带天然阔叶林一致。与典型中亚热带天然阔叶林主要树种相比,马尾松林木林木高径比数值分布范围更小(38.4~155.3),但马尾松林木各林层林木高径比的差异性与典型中亚热带天然阔叶林主要树种的一致;马尾松林木各林层林木高径比与胸径及树高的关系与典型中亚热带天然阔叶林主要树种的一致。

9.7　讨　论

目前,针对天然针阔混交林(Wang et al.,1998)和人工针叶林(Oyebade et al.,2015;Zhang et al.,2020)林木高径比与胸径关系的研究结果均表明林木高径比与胸径呈负相关,本研究(包括典型天然马尾松林各林层及马尾松林木)和典型中亚热带天然阔叶林的研究也显示林木高径比与胸径呈负相关,且为极显著负相关。林木高径比与胸径关系模型可作为推算树高的方式之一，其与树高曲线相比在是否能更好地推算树高，或是否能在某一林层中更好地推算树高，这些有待进一步的研究。

目前人工针叶林林木高径比与树高相关性的研究结果显示为正相关（Oyebade et al.，2015），而天然针阔混交林主要树种研究结果显示为负相关（Wang et al.，1998），而本研究（包括典型天然马尾松林各林层及马尾松林木）和典型中亚热带天然阔叶林的研究结果均有负相关、正相关、不显著相关、显著相关和极显著相关，表现出一定的差异性，其原因有待进一步研究。目前对于林木高径比与树高的相关程度，天然针阔混交林主要树种（Wang et al.，1998）和人工针叶林（Oyebade et al.，2015）的研究显示相关系数绝对值较低（即相关性不高），典型天然马尾松林与典型中亚热带天然阔叶林的研究也显示相关系数绝对值较低。

9.8 小 结

可以划分 3 个亚层的典型天然马尾松林各林层林木高径比均随亚层高度升高而减小，各亚层之间的林木高径比平均值均有极显著差异（$P<0.01$）或显著差异（$P<0.05$），有必要分亚层来分析典型天然马尾松林林木高径比特征；各林层林木高径比分布呈单峰有偏分布且较为接近正态分布；各林层林木高径比与胸径呈现极显著负相关且相关系数较高，其中第 Ⅱ 亚层（0.914~0.955）、第 Ⅰ 亚层（0.886~0.933）和受光层（0.855~0.874）相对较高，而全林分（0.660~0.838）和第Ⅲ亚层（0.491~0.692）相对较低，各林层林木高径比与树高的关系有所差异且

相关系数绝对值相对较低（0.052~0.441），各林层林木高径比特征可以采用各林层林木高径比与胸径的关系曲线来表达。马尾松林木林木高径比平均值在各亚层之间也均有极显著差异（$P<0.01$）；马尾松林木林木高径比分布在各林层呈单峰有偏分布且较为接近正态分布；马尾松林木各林层林木高径比特征可以采用马尾松林木各林层林木高径比与胸径的关系曲线来表达。可以划分3个亚层的典型天然马尾松林林木高径比特征与可以划分3个亚层的典型中亚热带天然阔叶林的基本一致，马尾松林木高径比特征与典型中亚热带天然阔叶林主要树种的基本一致，具有相同的规律性。

第 10 章 结 论

本研究以典型和次典型中亚热带天然阔叶林为对象，研究林分水平的林木高径比特征（包括各林层林木高径比的现实与理想数值状态、分布规律、与胸径及树高的关系）、树种（种群）水平的林木高径比特征（包括主要树种林木高径比的现实数值状态和与胸径及树高的关系）和单木水平的林木高径比特征（包括主要树种林木高径比与胸径、树高和年龄的关系），在此基础上，进一步研究林木高径比与林木竞争压力的关系，探讨林木高径比是否可以作为表征林木竞争压力的指标。本研究主要结论如下：

①中亚热带天然阔叶林林木高径比的数值高、变动大、分布范围宽；各亚层林木高径比平均值随亚层高度升高而减小；各亚层林木高径比平均值之间均有极显著差异，有必要分亚层来探讨中亚热带天然阔叶林林木高径比特征；中亚热带天然阔叶林林木高径比理想数值状态（平均值与分布范围）为：全林 103.1（27.5～242.5），第 I 亚层 66.9（27.5～135.0），第 II 亚层 89.0（32.2～181.1），受光层 78.3（27.5～181.1），第 III 亚层（非受光层）112.7（43.5～242.5）。

②中亚热带天然阔叶林各林层（包括全林、受光层、非受光层、第 I 亚层、第 II 亚层和第 III 亚层）林木高径比分布均呈正态分布；正态分布函数对各林层林木高径比分布的拟合效果

好，均优于 Weibull 分布函数的拟合效果；各林层林木高径比分布均为右偏，全林与第 I 亚层林木高径比分布相对较为分散，第 II 亚层与第 III 亚层（非受光层）以及受光层相对较为集中；中亚热带天然阔叶林林木高径比分布与直径分布有明显不同，各林层林木高径比分布均呈正态分布，而全林和第 III 亚层直径分布呈反"J"形。

③中亚热带天然阔叶林各林层林木高径比与胸径均呈现极显著负相关（$P<0.01$）且相关系数都较高（其中第 III 亚层相关系数相对较低），其关系曲线拟合是有意义且必要的；双曲线函数能很好地描述第 I 亚层、第 II 亚层和受光层的关系曲线，指数函数更适合描述全林分和第 III 亚层的关系曲线；各林层林木高径比与树高的关系较为复杂且相关系数都较低，其关系曲线拟合是没有意义的；中亚热带天然阔叶林林分（群落）水平林木高径比的特征需要且可以采用各林层林木高径比与胸径的关系曲线来表达。

④中亚热带天然阔叶林主要树种林木高径比现实数值状态（平均值与分布范围）为：全林为 111.6（26.7~209.0），第 I 亚层为 66.4（35.9~135.0），第 II 亚层为 91.7（26.7~181.1），受光层为 83.6（26.7~181.1），第 III 亚层为 120.7（43.5~209.0）。中亚热带天然阔叶林主要树种各亚层林木高径比会因所属亚层及胸径的不同而变化。主要树种各林层林木高径比与胸径及树高的关系与林分（群落）水平的一致。主要树种各林层林木高径比与胸径关系呈现极显著负相关（$P<0.01$）且相关系数均较高，其关系曲线拟合是有意义且必要的，双曲线函数能更好地描述主要树种第 I 亚层和第 II 亚层林木高径比与胸径关系，指数函数能更好地描述主要树种全林和第 III 亚层林木高

径比与胸径的关系；主要树种各林层林木高径比与树高关系较
为复杂且相关系数均较低，其曲线拟合是没有意义的。中亚热
带天然阔叶林不同树种的林木高径比有可能存在差异，树种
（种群）水平林木高径比的特征需要且可以采用各林层林木高
径比与胸径的关系曲线来表达。

　　⑤中亚热带天然阔叶林单木水平（解析木）主要树种的林
木高径比先随胸径的增大而快速下降，当胸径为 10 cm 左右
时，林木高径比下降至 100 左右，随后其下降幅度逐渐减小至
趋于平稳；幂函数更适合用于描述其与胸径的关系。单木水平
的主要树种林木高径比随树高的增大而下降的规律较不一致；
与主要树种林木高径比与胸径关系的拟合效果相比，大部分林
木高径比与树高关系拟合效果较差。单木水平的主要树种林木
高径比先随年龄的增大而快速下降，当在典型林分中其年龄达
到 40 年或在次典型林分中其年龄达到 20 年时，林木高径比下
降至 100 左右，随后其下降幅度逐渐减小至趋于平稳；幂函数
更适合用于描述其与年龄的关系；相对于林木高径比与树高的
关系，林木高径比与胸径的关系更适合用于替代表达林木高径
比与年龄的关系。对于林木干形的塑造，应特别关注胸径小于
10 cm 或年龄较小的林木。主要树种的带皮与去皮林木高径比
之间均有极显著差异，但两者总体呈密切的线性关系，可以互
相转换。

　　⑥综合从各亚层林木高径比平均值及差异性、受光层林木
高径比与胸径关系、非受光层林木高径比与胸径关系、单木水
平（解析木）林木高径比与年龄关系和模拟林分与环境条件一
致情景下林木高径比特征等角度的研究结果表明，中亚热带天
然阔叶林林木高径比与林木竞争压力的关系非常密切；林木竞

争压力越大，其林木高径比越大；林木高径比可作为表征林木竞争压力的指标。

⑦可以划分3个亚层的典型天然马尾松林各林层林木高径比均随亚层高度升高而减小，各亚层之间的林木高径比平均值均有极显著差异($P<0.01$)或显著差异($P<0.05$)，有必要分亚层来分析典型天然马尾松林林木高径比特征；各林层林木高径比分布呈单峰有偏分布且较为接近正态分布；各林层林木高径比与胸径呈现极显著负相关且相关系数较高，其中第Ⅱ亚层(0.914~0.955)、第Ⅰ亚层(0.886~0.933)和受光层(0.855~0.874)相对较高，而全林分(0.660~0.838)和第Ⅲ亚层(0.491~0.692)相对较低，各林层林木高径比与树高的关系有所差异且相关系数绝对值相对较低(0.052~0.441)，各林层林木高径比特征可以采用各林层林高径比与胸径的关系曲线来表达。马尾松林木林木高径比平均值在各亚层之间也均有极显著差异($P<0.01$)；马尾松林木林木高径比分布在各林层呈单峰有偏分布且较为接近正态分布；马尾松林木各林层林木高径比特征可以采用马尾松林木各林层林木高径比与胸径的关系曲线来表达。可以划分3个亚层的典型天然马尾松林林木高径比特征与可以划分3个亚层的典型中亚热带天然阔叶林的基本一致，马尾松林木高径比特征与典型中亚热带天然阔叶林主要树种的基本一致，具有相同的规律性。

参考文献

《福建森林》编辑委员会，1993. 福建森林[M]. 北京：中国林业出版社.

蔡坚，潘文，王保华，等，2006. 林分密度对湿地松林木干形影响的研究[J]. 广东林业科技，22(2)：6-10.

丁贵杰，周政贤，严仁发，等，1997. 造林密度对杉木生长进程及经济效果影响的研究[J]. 林业科学，33(增刊1)：67-75.

丁良忱，别克，1988. 天山云杉人工幼林生长规律的初步研究[J]. 八一农学院学报(2)：38-45.

韩明，2019. 概率论与数理统计[M]. 上海：同济大学出版社.

郝佳，熊伟，王彦辉，等，2012. 宁夏六盘山华北落叶松人工林雪害的影响因子[J]. 林业科学，48(7)：1-7.

何友钊，1989. 建瓯县万木林保护区史事考[J]. 林史文集，1(1)：139-140.

黄清麟，李志明，郑群瑞，2023. 福建中亚热带天然阔叶林理想结构探讨[J]. 山地学报，21(1)：116-120.

黄清麟，王金池，黄如楚，等，2021b. T/CSF 023-2021，中亚热带人工林转型天然阔叶林技术指南[S]. 北京：中国林学会.

黄清麟，王金池，庄崇洋，等，2021a. T/CSF 022-2021，中亚热带天然阔叶幼林认定指南[S]. 北京：中国林学会.

黄清麟，庄崇洋，马志波，2019. 中亚热带天然阔叶林林层特征研究[M]. 北京：中国林业出版社.

黄旺志，赵剑平，王昌薇，等，1997. 不同造林密度对杉木生长的影响[J]. 河南农业大学学报，31(4)：379-385.

惠刚盈，胡艳波，赵中华，等，2013. 基于交角的林木竞争指数[J]. 林业科学，49(6)：68-73.

梁小筠，1997. 正态性检验[M]. 北京：中国统计出版社.

廖泽钊，黄道年，1984. 林木高径比的关系[J]. 林业资源管理(6)：45-47.

林竞成，1980. 三明小湖地区格氏栲天然林起源与演替发展趋势的分析[J]. 福建林学院学报(1)：29-35.

林学名词审定委员会，2016. 林学名词[M]. 2版. 北京：科学出版社.

马存世，1999. 舟曲林区落叶松人工林生长特性研究[J]. 甘肃林业科技，24(3)：24-27.

马志波，黄清麟，庄崇洋，等，2017. 基于林层的典型中亚热带天然阔叶林树种组成[J]. 林业科学，53(10)：13-21.

孟宪宇，2006. 测树学[M]. 北京：中国林业出版社.

邵威威，董灵波，2023. 大兴安岭地区兴安落叶松的高径比模型[J]. 应用生态学报，34(2)：342-348.

陶澍，1994. 应用数理统计方法[M]. 北京：中国环境科学出版社.

王丙参，刘佩莉，魏艳华，等，2015. 统计学[M]. 成都：西南交通大学出版社.

王彩云，陆洪灿，1987. 云南松天然林立木高径比的研究[J]. 林业资源管理(2)：28-31

温佐吾，谢双喜，周运超，等，2000. 造林密度对马尾松林分生长木材造纸特性及经济效益的影响[J]. 林业科学(增刊1)：36-43.

吴喜之，赵博娟，2013. 非参数统计[M]. 北京：中国统计出版社.

许慕农，1982. 林分密度研究概述[J]. 山东林业科技(3)：22-30.

严铭海，黄清麟，王金池，等，2023. 林木高径比研究综述[J]. 世界林业研究，36(1)：59-65.

张更新，1997. 林木高径比变化规律的探讨[J]. 内蒙古林业科技 (1)：21-24.

张跃西，1993. 邻体干扰模型的改进及其在营林中的应用[J]. 植物生态学与地植物学学报，17(4)：352-357.

钟章成，1988. 常绿阔叶林生态学研究[M]. 重庆：西南师范大学出版社.

周政贤，2000. 中国马尾松[M]. 北京：中国林业出版社.

庄崇洋，2016. 中亚热带天然阔叶林林层特征研究[D]. 北京：中国林业科学研究院.

庄崇洋，黄清麟，马志波，等，2017a. 中亚热带天然阔叶林林层划分新方法——最大受光面法[J]. 林业科学，53(3)：1-11.

庄崇洋，黄清麟，马志波，等，2017b. 典型中亚热带天然阔叶林各林层直径分布及其变化规律[J]. 林业科学，53(4)：18-27.

ADEYEMI A A, ADESOYE P O, 2016. Tree slenderness coefficient and percent canopy cover in Oban Group Forest, Nigeria[J]. Journal of Natural Sciences Research, 6(4)：9-17.

ADEYEMI A A, MOSHOOD F A, 2019. Development of regression models for predicting yield of *Triplochiton scleroxylon* (K. Schum) stand in Onigambari Forest Reserve, Oyo State, Nigeria[J]. Journal of Research in Forestry, Wildlife and Environment, 11(4)：88-99.

ADEYEMI A A, UGO - MBONU N A, 2017. Tree slenderness coefficients and crown ratio models for *Gmelina arborea* (Roxb) stand in afi river forest reserve, cross river state, Nigeria[J]. Nigerian Journal of Agriculture, Food and Environment, 13(1)：226-233.

AKHAVAN R, NAMIRANIAN M, 2007. Slenderness coefficient of five major tree species in the Hyrcanian forests of Iran[J]. Iranian Journal of Forest and Poplar Research, 15(2): 165-179.

BOŠELA M, KONÔPKA B, ŠEBEN V, et al. , 2014. Modelling height to diameter ratio-an opportunity to increase Norway spruce stand stability in the western Carpathians[J]. Forestry Journal, 60(2): 71-80.

CHIU C M, CHIEN C T, NIGH G, 2015. A comparison of three taper equation formulations and an analysis of the slenderness coefficient for Taiwan incense cedar (*Calocedrus formosana*) [J]. Australian Forestry, 78(3): 159-168.

CHUKWU O, 2021. Models for predicting slenderness coefficient from stump diameter for *Tectona grandis* stands in south-western Nigeria[J]. Southern Forests: a Journal of Forest Science, 83(1): 38-42.

CREMER K W, BOROUGH C J, MCKINNELL F H, et al. , 1982. Effects of stocking and thinning on wind damage in plantations[J]. New Zealand Journal of Forestry Science, 12(2): 244268.

CREMER K W, CARTER P R, MINKO G, 1983. Snow damage in Australian pine plantations[J]. Australian Forestry, 46(1): 53-66.

EGUAKUN F S, OYEBADE B A, 2015. Linear and nonlinear slenderness coefficient models for *Pinus caribaea* (morelet) stands in southwestern Nigeria[J]. IOSR Journal of Agriculture and Veterinary Science, 8(3): 26-30.

EZENWENYIJ U, CHUKWU O, 2017. Effects of slenderness coefficient in crown area prediction for *Tectona grandis* Linn. f. in Omo Forest Reserve, Nigeria[J]. Current life Sciences, 3(4): 65-71.

FISH H, LIEFFERS V J, SILINS U, et al. , 2006. Crown shyness in lodgepole pine stands of varying stand height, density, and site index in the upper foothills of Alberta [J]. Canadian Journal of Forest Research, 36(9): 2104-2111.

HEGYI F, 1974. A simulation model for managing jack-pine stands. IN growth models for tree and stand simulation [D] . Stockholm: Royal

College of Forestry.

HESS A F, MINATTI M, COSTA E A, et al. , 2021. Height-to-diameter ratios with temporal and dendro/morphometric variables for Brazilian pine in south Brazil[J]. Journal of Forestry Research, 32 (1): 191-202.

IGE P O, 2017. Relationship between tree slenderness coefficient and tree growth characteristics of *Triplochiton scleroxylon*K. Schum stands in ibadanmetropolis[J]. Journal of Forestry Research and Management, 14(2): 166-180.

IGE P O, 2019. Relationship between tree slenderness coefficient and growth characteristics of *Gmelina arborea* (Roxb.) stands in Omo Forest Reserve, Nigeria. 1 2 3[J]. Forests and Forest Products Journal, 19: 62-72.

KANG J T, KO C, LEE S J, et al. , 2021. Relationship of *H/D* and crown ratio and tree growth for *Chamaecyparisobtusa* and *Cryptomeria japonica* in Korea [J] . Forest Science and Technology, 17 (3): 101-109.

KONOPKA J, PETRAS R, TOMA R, 1987. Slenderness coefficient of the major tree species and its importance for static stability of stands [J]. Lesnictvi(Prague), 33: 887-904.

MARTIN G L, EK A R, 1984. A comparison of competition measures and growth models for predicting plantation red pine diameter and height growth[J]. Forest Science, 30(3): 731-743.

Navratil S. Minimizing wind damage in alternative silviculture systems in boreal mixedwoods[R]. Canadian Forest Service and Alberta Lands and Forest Service, Edmonton, AB, 1995.

NYKÄNEN M, PELTOLA H, QUINE C, 1997. Factors affecting snow damage of trees with particular reference to European conditions[J]. Silva Fennica, 31(2): 193-213.

O'HARA K L, 2014. Multiagedsilviculture: Managing for complex forest stand structures[M]. New York: Oxford University Press.

OLADOYE A O, IGE P O, BAURWA N, et al., 2020. Slenderness coefficient models for tree species in omobiosphere reserve, southwestern Nigeria[J]. Tropical Plant Research, 7(3): 609-618.

OLIVERIRA A M, 1987. The H/D ratio in maritime pine (*Pinus pinaster*) stands [R]//EK A R, SHIFLEY S R, BURK T E. Proceedings of the IUFRO conference vol. 2 forest growth modelling and prediction, minneapolis, minn. International union of forest research organizations, Vienna.

OPIO C, JACOB N, COOPERSMITH D, 2000. Height to diameter ratio as a competition index for young conifer plantations in northern British Columbia, Canada[J]. Forest Ecology and Management, 137(1/2/3): 245-252.

ORZEŁ S, 2007. A comparative analysis of slenderness of the main tree species of the Niepolomiceforest [J]. Electronic Journal of Polish Agricultural Universities, 10(2): 1-13.

OYEBADE B A, EGUAKUN F S, EGBERIBIN A, 2015. Tree slenderness coefficient (TSC) and tree growth characteristics (TGCS) for *Pinus caribaea* in Omo Forest Reserve, Nigeria [J]. Journal of Environmental Science, 9(3): 56-62.

PÄÄTALO M L, PELTOLA H, KELLOMKI S, 1999. Modelling the risk of snow damage to forests under short-term snow loading[J]. Forest Ecology and Management, 116: 51-70.

PELTOLA H, KELLOMÄKI S, HASSINEN A, et al., 2000. Mechanical stability of Scots pine, Norway spruce and birch: an analysis of tree-pulling experiments in Finland[J]. Forest Ecology and Management, 135(1): 143-153.

PELTOLA H, KELLOMKI S, 1993. A mechanistic model for calculating windthrow and stem breakage of Scots pines at stand edge[J]. Silva Fennica, 27(2): 99-111.

PELTOLA H, NYKNEN M L, KELLOMKI S, 1997. Model computations on the critical combination of snow loading and wind speed for snow damage of Scot spine, Norway spruce and birch sp. at stand edge[J]. Forest Ecology and Management, 95: 229-241.

PETTY J A, SWAIN C, 1985. Factors influencing stem breakage of conifers in high winds[J]. Forestry, 58(1): 75-84.

PRETZSCH H, 2009. Forest dynamics, growth and yield: Form measurement to model[M]. Berlin: Springer.

RUDNICKIM, SILINS U, LIEFFERS V J, 2004. Crown cover is correlated with relative density, tree slenderness, and tree height in lodgepole pine[J]. Forest Science, 50(3): 356-363.

SHARMA R P, VACEK Z, VACEK S, 2016. Modeling individual tree height to diameter ratio for Norway spruce and European beech in Czech Republic[J]. Trees, 30(6): 1969-1982.

SHARMA R P, VACEK Z, VACEK S, et al., 2019. A nonlinear mixed-effects height-to-diameter ratio model for several tree species based on Czech national forest inventory data [J]. Forests, 10 (1): 70.

SLODICAK M, NOVAK J, 2006. Silvicultural measures to increase the mechanical stability of pure secondary Norway spruce stands before conversion[J]. Forest Ecology and Management, 224(3): 252-257.

VALINGER E, FRIDMAN J, 1997. Modelling probability of snow and wind damage in Scots pine stands using tree characteristics[J]. Forest Ecology and Management, 97(3): 215-222.

VOSPERNIK S, MONSERUD R A, STERBA H, 2010. Do individual-tree growth models correctly represent height: diameter ratios of Norway spruce and Scots pine? [J]. Forest Ecology and Management, 260

（10）：1735-1753.

WALLENTIN C, NILSSON U, 2014. Storm and snow damage in a Norway spruce thinning experiment in southern Sweden[J]. Forestry, 87(2)：229-238.

WANG Y, TITUS S J, LEMAY V M, 1998. Relationships between tree slenderness coefficients and tree or stand characteristics for major species in boreal mixed wood forests[J]. Canadian Journal of Forest Research, 28(8)：1171-1183.

WONN H T, O'HARA K L, 2001. Height：diameter ratios and stability relationships for four northern rocky mountain tree species[J]. Western Journal of Applied Forestry, 16(2)：87-94.

YANG Y, HUANG S, 2018. Effects of competition and climate variables on modelling height to live crown for three boreal tree species in Alberta, Canada[J]. European Journal of Forest Research, 137：153-167.

ZHANG X, WANG H, CHHIN S, et al. , 2020. Effects of competition, age and climate on tree slenderness of chinesefir plantations in southern China[J]. Forest Ecology and Management, 458：117815.